畜禽健康高效养殖环境手册

丛书主编：张宏福　林　海

肉鸡健康高效养殖

环境手册

张敏红　周　莹　赵桂苹◎主编

中国农业出版社

北　京

内 容 简 介

　　本书介绍了肉鸡舍内主要饲养环境因子（温度、湿度、密度和群体规模、有害气体和光照）及饲养环境评价方法；阐述了饲养环境因子与肉鸡健康生产的关系。内容力求涵盖目前有关肉鸡饲养环境研究和实践的最新成果，针对密闭式集约化肉鸡养殖方式提出能直接指导生产的肉鸡饲养环境参数，体现"新颖性、针对性和实用性"的编写特点，语言简练、朴实、通俗，图文并茂，是目前关于肉鸡饲养环境参数的最新图书，适合于各大科研院所、高校从事畜牧生产、环境卫生、家畜生态等相关领域的科研、教学参考之用，以及大型肉鸡养殖场技术人员参考和实践之用。

丛书编委会

施振旦（江苏省农业科学院畜牧兽医研究所）

谢　明（中国农业科学院北京畜牧兽医研究所）

杨承剑（广西壮族自治区水牛研究所）

黄运茂（仲恺农业工程学院）

臧建军（中国农业大学）

孙小琴（西北农林科技大学）

顾宪红（中国农业科学院北京畜牧兽医研究所）

江中良（西北农林科技大学）

赵茹茜（南京农业大学）

张永亮（华南农业大学）

吴　信（中国科学院亚热带农业生态研究所）

郭振东（军事科学院军事医学研究院军事兽医研究所）

本书编写人员

主　编：张敏红（中国农业科学院北京畜牧兽医研究所）

　　　　周　莹（中国农业科学院北京畜牧兽医研究所）

　　　　赵桂苹（中国农业科学院北京畜牧兽医研究所）

参　编（按姓氏笔画排序）：

　　　　马　腾（中国农业科学院北京畜牧兽医研究所）

　　　　冯京海（中国农业科学院北京畜牧兽医研究所）

　　　　许传田（山东省农业科学院畜牧兽医研究所）

　　　　李丽华（河北农业大学）

　　　　杨　鹰（中国农业大学）

　　　　张　慧（山东庄氏农业科技有限公司）

　　　　赵秀青［河南大用（集团）实业有限公司］

　　　　萨仁娜（中国农业科学院北京畜牧兽医研究所）

　　　　甄　龙［山东凤祥（集团）有限责任公司］

　　　　魏凤仙（河南省农业科学院畜牧兽医研究所）

　　　　魏忠华（河北省畜牧兽医研究所）

序一

畜牧业是关系国计民生的农业支柱产业，2020 年我国畜牧业产值达 4.02 万亿元，畜牧业产业链从业人员达 2 亿人。但我国现代畜牧业发展历程短，人畜争粮矛盾突出，基础投入不足，面临"养殖效益低下、疫病问题突出、环境污染严重、设施设备落后"4 大亟需解决的产业重大问题。畜牧业现代化是农业现代化的重要标志，也是满足人民美好生活不断增长的对动物性食品质和量需求的必由之路，更是实现乡村振兴的重大使命。

为此，"十三五"国家重点研发计划组织实施了"畜禽重大疫病防控与高效安全养殖综合技术研发"重点专项（以下简称"专项"），以畜禽养殖业"安全、环保、高效"为目标，面向"全封闭、自动化、智能化、信息化"发展方向，聚焦畜禽重大疫病防控、养殖废弃物无害化处理与资源化利用、养殖设施设备研发 3 大领域，贯通基础研究、共性关键技术研究、集成示范科技创新全链条、一体化设计布局项目，研究突破一批重大基础理论，攻克一批关键核心技术，示范、推广一批养殖提质增效新技术、新方法、新模式，推进我国畜禽养殖产业转型升级与高质量发展。

养殖环境是畜禽健康高效生长、生产最直接的要素，也是"全封闭、自动化、智能化、信息化"集约生产的基础条件，但却是长期以来我国畜牧业科学研究与技术发展中未予充分重视的短板。为此，"专项"于2016年首批启动的5个基础前沿类项目中安排了"养殖环境对畜禽健康的影响机制研究"项目。旨在研究揭示畜禽舍温热、有害气体、光照、群体密度、空气颗粒物气溶胶5类主要环境因子及其对畜禽生长、发育、繁殖、泌乳、健康影响的生物学机制，提出10种主要畜禽高密度养殖环境参数及其多元化控制模型，为我国不同气候生态区安全、高效养殖畜禽舍建设、环境控制提供依据，支撑"全封闭、自动化、智能化、信息化"养殖方式发展重大需求。

以张宏福研究员为首席科学家，由36个单位、94名骨干专家组成的项目团队，历时5年"三严三实"攻坚克难，取得了一批基础理论研究成果，发表了多篇有重要影响力的高水平论文，出版的《畜禽环境生物学》专著填补了国内外在该领域的空白，出版的"畜禽健康高效养殖环境手册"丛书是本专项基础前沿理论研究面向解决产业重大问题、支撑产业技术创新的重要成果。该丛书包括：猪、奶牛、肉牛、水牛、肉羊（绵羊、山羊）、蛋鸡、肉鸡、肉鸭、蛋鸭、鹅共 11 种畜禽的 10 个分册。各分册针对具体畜种阐述了现代化养殖模式下主要环境因子及其特点，提出了各环境因子的控制要求和标准；同时，图文并茂、视频配套地提供了先进的典型生产案例，以增强图书的可读性和实用性，可直接用于指导"全封闭、自动化、智能化、信息化"养殖场舍建设和环境控制，是畜牧业转型升级、高质量发展所急需的工具书，填补了国内外在畜禽健康养殖领域环境控制图书方面的空白。

"十三五"国家重点研发计划"养殖环境对畜禽健康的影响机制研究"项目聚焦"四个面向"，凝聚一批科研骨干，带动畜禽环境科学研究，是专项重要的亮点成果。但养殖场舍环境因子的形成和演变非常复杂，养殖舍环境因子对畜禽生产、健康乃至疫病防控的影响至关重要，多因子耦合优化调控还需要解决一系列技术经济工程难题，环境科学也需要"理论—实践—理论"的不断演进、螺旋式上升发展。因此，希望国家相关科技计划能进一步关注、支持该领域的持续研究，也希望项目团队能锲而不舍，抓住畜禽健康养殖和重大疫病防控"环境"这个"牛鼻子"继续攻坚，为我国畜牧业的高质量发展做出更大贡献。

陈焕春

2021 年 8 月

序

二

  畜牧业是关系国计民生的重要产业，其产值比重反映了一个国家农业现代化的水平。改革开放以来，我国肉蛋奶产量快速增长，畜牧业从农村副业迅速成长为农业主导产业。2020年我国肉类总产量7 639万t，居世界第一；牛奶总产量3 440万t，居世界第三；禽蛋产量3 468万t，是第二位美国的5倍多。但我国现代畜牧业发展时间短、科技储备和投入不足，与发达国家相比，面临养殖设施和工艺水平落后、生产效率低、疫病发生率高、兽药疫苗用量较多等影响提质增效的重大问题。

  养殖环境是畜禽生命活动最直接的要素，是畜禽健康高效生产的前置条件，也是我国畜牧业高质量发展的短板。2020年9月国务院印发的《关于促进畜牧业高质量发展的意见》中要求，加快构建现代养殖体系，制定主要畜禽品种规模化养殖设施装备配套技术规范，推进养殖工艺与设施装备的集成配套。

  养殖环境是指存在于畜禽周围的可以直接或间接影响畜禽的自然与社会因素的集合，包括温热、有害气体、光、噪声、微生物等物理、化学、生物、群体社会诸多因子，以及复杂的动态变化和各因子间互作。同时，养殖业高质量发展对环境的要求也越来越高。因此，畜禽健康高效养殖环境诸因子的优化耦合控制不仅是重大的生产实践难题，也是深邃的科学研究难题，需要实践—理论—实践的螺旋式发展，不断积累丰富、不断提升完善。

"十三五"国家重点研发计划"畜禽重大疫病防控与高效安全养殖综合技术研发"专项将"养殖环境对畜禽健康的影响机制研究"列入基础前沿类项目（项目编号：2016YFD0500500），并于2016年首批启动。旨在研究揭示畜禽舍温热、有害气体、光照、群体密度、空气颗粒物气溶胶5类主要环境因子，以及影响畜禽生长、发育、繁殖、泌乳、健康的生物学机制，提出11种主要畜禽高密度养殖环境参数及其多元化控制模型，为我国不同气候生态区安全、高效养殖畜禽舍建设、环境控制提供依据，支撑"全封闭、自动化、智能化、信息化"现代养殖方式发展的重大需求。项目组联合全国36个单位、94名专家协同攻关，历时5年，取得了一批重要理论和专利成果，发表了一批高水平论文，出版了《畜禽环境生物学》专著，制定了一批标准，研发了一批新技术产品，对畜牧业科技回归"以养为本"的创新方向起到了重要的引领作用。

"畜禽健康高效养殖环境手册"丛书是在"养殖环境对畜禽健康的影响机制研究"项目各课题系统总结本项目基础理论研究成果，梳理国内外科学研究积累、生产实践经验的基础上形成的，是本项目研究的重要成果。丛书的出版，既体现了重点研发专项一体化设计、总体思路实施，也反映了基础前沿研究聚焦解决产业重大问题、支撑产业创新发展宗旨。丛书共 10 个分册，内容涉及猪、奶牛、肉牛、水牛、肉羊（绵羊、山羊）、蛋鸡、肉鸡、肉鸭、蛋鸭、鹅共 11 种畜禽。各分册针对某一畜禽论述了现代化养殖模式、主要环境因子及其特点，提出了各环境因子的控制要求和标准，力求"创新性、先进性"，希望为现代畜牧业的高质量发展提供参考。同时，图文并茂、视频配套的写作方式及先进的典型生产案例介绍，增加了丛书的可读性和实用性。但不同畜禽高密度养殖的生产模式、技术方向迥异，特别是肉牛、肉羊、奶牛、鹅等畜种不适宜全封闭养殖。因此，不同分册的体例、内容设置需要考虑不同畜禽的生产养殖实际，无法做到整齐划一。

　　丛书出版是全体编著人员通力协作的成果，并得到了华沃德源环境技术（济南）有限公司和北京库蓝科技有限公司的友情资助，在此一并表示感谢！

　　尽管丛书凝聚了各编著者的心血，但编写水平有限，书中难免有错漏之处，敬请广大读者批评指正。

　　我们期望丛书的出版能为我国畜禽健康高效养殖发展有所裨益。

丛书编委会

2021 年春

　　我国肉鸡生产保持较快增长态势，2020 年全国肉鸡出栏 110.2 亿只，同比增长 5.1%；鸡肉产量 1 865.6 万 t，同比增长 10.2%，鸡肉产量仅次于美国，位居世界第二。2020 年，中国鸡肉消费量继续增加，达到 1 956.7 万 t，较 2019 年增加 228.7 万 t，同比增长 13.2%；人均消费量为 13.93 kg，同比增长 12.8%。在我国肉类消费中，鸡肉消费仅次于猪肉，位居第二。在畜禽标准化规模养殖政策的推动下，我国畜禽规模化养殖水平不断提高，肉鸡是规模化程度最高的品种，管理水平相对高，抗市场风险能力较强。农业农村部统计数据显示，年出栏数 1 万只以上肉鸡规模养殖比重由 2010 年的 67.9% 提高至 2016 年的 76.6%，提高近 10 个百分点。从市场集中度看，全国前 50 家肉鸡企业的肉鸡出栏量约占全国肉鸡出栏总量的 40%。近几年，我国白羽肉鸡产业进入转型升级期，笼养比例不断增加，自动化、工业化水平和人工效率不断提高。

　　肉鸡规模化养殖极大地促进了生产力发展，但规模饲养带来了诸多环境问题，如夏季高温难以控制、湿度控制成本

1

高、密度过大、冬季有害气体含量过高、持续长光照等，严重影响肉鸡的生长和健康，导致疾病难以控制。随着肉鸡养殖规模化、集约化和工业化程度不断提高，鸡舍小气候环境对肉鸡健康和生产性能的作用愈来愈重要。特别是肉鸡品种的生长速度、胸肉量等遗传性能不断被强化，品种更新换代速率加快；而其对小气候环境变化的适应性愈来愈差，这就要求规模化养鸡的环境控制要跟上现代肉鸡的育种进展。

　　近十年来，我国十分关注畜禽环境控制技术及其参数研究。"十二五"期间立项开展畜禽环境控制关键技术研究；"十三五"期间科技部设立了国家重点研发专项"养殖环境对畜禽健康的影响机制研究"，在该项目中设立了"肉禽舒适环境的适宜参数及限值研究"课题。课题组集聚了国内家禽环境与健康研究领域的优势单位和知名专家。为了尽快将科研成果转化为生产力，笔者团队着力编写本手册。在编写过程中，根据我国养鸡生产实际尤其是环境控制需要，主要介绍我国近十年有关肉鸡饲养环境研究和实践的最新成果。本书内容主要包括舍内主要环境因子、饲养环境评价、饲养环境与肉鸡健康生产、饲养环境适宜参数、饲养环境管理基本要求和案例。

　　由于写作水平有限，书中难免存在疏漏和错误，恳切希望广大读者批评指正。

编者

2021 年 6 月

目录

第三章　肉鸡饲养环境参数 /70

第四章　肉鸡饲养环境管理及其案例 /91

第一章
饲养环境及其评价

环境质量的好坏直接影响肉鸡遗传潜力发挥和饲料营养利用效率。因此，通过环境控制，为肉鸡创造良好的生活和生产条件，以保持肉鸡健康生产显得尤为重要。而了解鸡舍主要环境因子及其评价方法，将为环境的有效控制提供依据。

第一节　饲养环境

一、饲养环境概念

肉鸡饲养环境是指与肉鸡生活或生产关系极为密切的空间，以及直接或间接影响肉鸡健康生产的一切自然和人为的因素，包括温度、湿度、通风、有害气体、光照、空气微生物、空气微粒、饲养方式、饲养密度和设备设施等（图1-1）。

二、舍内主要饲养环境因子

在肉鸡生产中，饲养方式、饲养设施设备比较固定，而温度、湿度、有害气体、通风、光照、空气微粒与微生物、饲养密度等环

图 1-1　肉鸡的饲养环境因素

境因素容易变化，是影响肉鸡健康生产的主要舍内因素。这些因素分为以下五类：

1. 热环境　温度、湿度和风速等。

2. 群体环境　饲养密度、群体规模。

3. 气体环境　有害气体如氨气、二氧化碳和硫化氢等。

4. 光环境　光照颜色、强度和周期等。

5. 空气微粒和微生物　粉尘、可吸入颗粒、病毒、细菌等。

（一）热环境

　　构成舍内热环境的环境因子包括温度、湿度和风速等。温度、湿度和风速共同作用产生热负荷，作用于鸡体热感受器，包括外周温度感受器和中枢温度感受器。这些器官将感受的热信息上传至中央处理器，调节体温的中枢结构存在于从脊髓到大脑皮层的整个神经系统内，但是体温调节的基本中枢位于下丘脑。其中视前区下丘脑前部（PO/AH）是体温调节中枢的关键部位。热信息经过中央处理器处理后，通过神经或/和内分泌途径支配效应器产生反应，调节产热量和散热量，完成热平衡的调节，以达到机体热平衡的状态（图 1-2）。

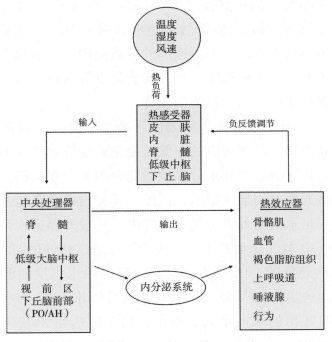

图 1-2　家禽热平衡调节机制
（资料来源：张少帅，2016）

1. 温度　肉鸡属于恒温动物，其通过物理和行为调节即可维持体热平衡的温度范围，称为热中性区。在热中性区，肉鸡主要依赖于血管舒缩的皮肤热阻、皮肤与呼吸道水分蒸发、体躯伸展舒缩以及个体间分散群集的行为调节。在热中心区内，肉鸡不需要通过物理和行为调节即可维持体温恒定，这一温度范围称为舒适区。在舒适区，肉鸡的生长、发育、饲料转化等功能表现为最佳状态，生产效率最高。在实际生产中，能使鸡舍温度处于舒适区是最理想的，但要考虑控制成本和综合经济效益。当环境温度超出热中性区，肉鸡依靠物理、行为和化学调节（代谢产热升降、水蒸发活动升降）能维持体核温度恒定的温度范围，称为体温恒定区。超出恒定区，肉鸡处于冷应激或热应激状态，影响肉鸡健康和生产性能。

温度是对肉鸡影响最大的环境因子。目前，在夏季采用"纵向通风＋湿帘降温"的成熟技术可以将规模化肉鸡舍内的温度下降8～10℃，但是舍内的温度仍然会超出肉鸡所需的适宜温度。试验发现，如果鸡舍内环境达不到肉鸡的舒适范围，会引起肉鸡生长缓慢、料重比升高、免疫机能下降和疾病易发等问题。因此，良好的舍内环境有利于肉鸡生长性能的发挥。

2. 湿度 湿度是畜禽舍重要的环境参数之一，通常鸡舍内湿度高于舍外的湿度。鸡舍内的空气湿度主要受外界空气相对湿度高低、鸡体内排除的水汽和水分多少、鸡舍内地面和水槽等蒸发量的大小及机械通风等因素的影响。因此，鸡舍内水汽来源主要分为三个方面：一是水汽随外界空气进入舍内，一般外界进入舍内的水汽占舍内空气中水汽总量的10%～15%。二是鸡群呼出的水汽，可占舍内水汽总量的70%～80%。鸡只呼出的水汽量随温度的升高而增加，当舍温为13℃时，每只鸡每天可呼出113mL水汽；舍温增高，鸡只呼出的水汽量大大增加，当舍温达到35℃时，每只鸡每天要呼出218mL水汽。三是地面、墙壁、水槽以及垫草的水分蒸发，占舍内水汽总量的10%～15%。鸡只排出粪便所蒸发的水分也会使舍内湿度升高。

湿度可通过改变肉鸡的水蒸发散热，导致热量不能及时散发，影响肉鸡的体温恒定和酸碱平衡；也可通过改变空气中有害气体浓度、粉尘和微生物气溶胶粒径和浓度等影响肉鸡健康和福利。结合中国地域与气候的特点，中国的北方属于干旱、半干旱气候，所以肉鸡舍相对湿度较低，从而会导致粉尘浓度普遍较高；而在南方，尤其是在雨季，相对湿度较高，会导致垫料霉变、有害气体浓度升高等问题，这两种情况都会对肉鸡的健康造成严重危害。尽管畜禽对湿度的适应范围较广，但如果不重视湿度的调控，仍然会引发多种疾病的发生。同时要掌握湿度与温度的关系，以防给肉鸡带来更严重的危害。

3. 风速 风速通过影响对流散热，进而改变肉鸡体热平衡（图1-2），最终对肉鸡的生理和生产造成影响。在20世纪末，通风已经在肉鸡生产中得到广泛应用，诸多试验证实了风速对肉鸡生产性能的影响，生产性能的提高是风速对高温环境下肉鸡热平衡调节的结果。风速对肉鸡生产性能的提高取决于风速大小、肉鸡日龄、环境温度、饲养方式和通风方式等因素。且肉鸡所需的适宜风速也会根据上述因素的变化而不同。

近年来，我国大型肉鸡生产企业在肉鸡舍的生产设施和环境控制方面得到很大改善。然而在国内不少地区，白羽肉鸡生产中低温季节的通风与保温之间的矛盾依然没有得到解决，而且大型肉鸡舍内不同区域的环境参数存在较大差异，这种差异对肉鸡生产性能的影响较大。黄炎坤等（2018）研究了鸡舍不同区域环境条件的差异及其与鸡群生产性能之间的关系，在低温季节对大容量肉鸡舍内部不同区域的环境参数进行了检测，并对相应区域肉鸡群的生产性能指标进行了统计。鸡舍为全密闭型，东西向总长度为120m，南北向宽度16m。室内纵向设置4条料线，均匀分布，每条料线间隔4m；设置5条水线，中间有1条，两边距墙2m各一条，两边距离中间水线3m各一条。结果显示，鸡舍内不同区域的温度、相对湿度、氨气浓度、气流速度、肉鸡平均日增重和死亡率等指标均存在差异，表明环境参数与肉鸡生产性能之间存在联系（表1-1至表1-6）。研究表明，对于大容量肉鸡舍改进通风管理，提高鸡舍内各区域环境参数的均衡性是提高鸡群生产性能的重要基础。

表 1-1 肉鸡舍不同区域环境温度（℃）

区域	不同日龄温度							
	21日龄	22日龄	23日龄	24日龄	33日龄	34日龄	35日龄	36日龄
前部	26.52± 0.67	26.03± 0.58	25.82± 0.54	25.16± 0.56	23.24± 0.59	23.03± 0.57	22.48± 0.61	21.89± 0.60

（续）

区域	不同日龄温度							
	21日龄	22日龄	23日龄	24日龄	33日龄	34日龄	35日龄	36日龄
中部	28.11±0.52	27.32±0.51	26.28±0.53	26.47±0.52	23.81±0.53	23.81±0.55	23.42±0.53	23.08±0.57
后部	27.14±0.58	27.47±0.55	26.02±0.54	26.03±0.54	23.51±0.42	23.61±0.51	23.71±0.60	22.82±0.55

表1-2　肉鸡舍不同区域环境相对湿度（%）

区域	不同日龄相对湿度							
	21日龄	22日龄	23日龄	24日龄	33日龄	34日龄	35日龄	36日龄
前部	56.42±3.38	59.26±4.06	60.47±4.12	59.24±3.74	60.37±4.11	60.38±4.23	60.32±4.62	65.42±4.84
中部	65.06±3.96	66.31±5.02	70.68±4.73	68.87±4.02	67.78±4.52	72.17±5.11	66.87±4.87	65.37±4.77
后部	59.17±4.14	66.42±483	64.76±3.86	62.35±3.86	64.75±4.44	71.24±4.87	68.79±4.85	60.47±4.71

表1-3　肉鸡舍不同区域氨气浓度（mg/m³）

区域	不同日龄相对湿度							
	21日龄	22日龄	23日龄	24日龄	33日龄	34日龄	35日龄	36日龄
前部	6.73±1.13	6.53±1.15	7.52±1.25	6.53±1.17	8.17±1.33	6.48±1.22	6.64±1.17	6.76±1.15
中部	6.81±1.32	6.89±1.33	7.58±1.63	6.71±1.32	8.26±1.61	6.72±1.33	6.82±1.43	6.88±1.27
后部	6.59±1.22	6.81±1.24	7.78±1.33	6.94±1.27	8.71±1.31	6.63±1.21	6.84±1.32	7.03±1.28

表1-4　鸡舍不同区域气流速度（m/s）

区域	不同日龄相对湿度							
	21日龄	22日龄	23日龄	24日龄	33日龄	34日龄	35日龄	36日龄
前部	0.32±0.04	0.33±0.07	0.35±0.06	0.35±0.07	0.38±0.07	0.38±0.07	0.30±0.05	0.41±0.06
中部	0.18±0.02	0.17±0.03	0.16±0.02	0.12±0.04	0.23±0.05	0.22±0.04	0.23±0.05	0.19±0.04

（续）

区域	不同日龄相对湿度							
	21日龄	22日龄	23日龄	24日龄	33日龄	34日龄	35日龄	36日龄
后部	0.26± 0.03	0.28± 0.01	0.26± 0.04	0.23± 0.02	0.27± 0.04	0.26± 0.03	0.28± 0.04	0.24± 0.03

表1-5 肉鸡舍不同区域鸡只平均日增重（g）

区域	不同日龄日增重	
	21～24日龄	33～36日龄
前部	66.27±9.13[A]	59.72±9.72[a]
中部	67.92±10.33[A]	58.75±8.86[a]
后部	62.33±9.26[B]	56.25±8.28[b]

注：上标不同大写字母表示差异极显著（$P<0.01$），不同小写字母表示差异显著（$P<0.05$），相同字母表示差异不显著（$P>0.05$）。下同。

表1-6 鸡舍不同区域鸡群死亡率统计结果（％）

区域	不同日龄死亡率	
	21～24日龄	33～36日龄
前部	0.63[A]	0.74[A]
中部	0.32[C]	0.40[C]
后部	0.47[B]	0.65[B]

（二）群体环境

为了提高单位土地面积的产出率，肉鸡养殖往往采用高密度群体饲养，饲养密度和群体规模大小相互作用构成肉鸡群体环境。

目前，饲养密度和群体规模对肉鸡生产性能与健康机制的影响还没有定论。在集约化生产体系下，饲养规模大，一般饲养密度也相对较大。通常认为，饲养密度过高会恶化养殖环境，提高环境温度、相对湿度和氨气浓度等，使病菌繁殖力增加，肉鸡机体抵抗力降低，易诱发传染性疾病；最终导致肉鸡生长速度、饲料转化效率、存活率和胴体品质变差。

1. 饲养密度 饲养密度是指畜禽在特定养殖空间范围内的密

集程度。表示肉鸡饲养密度的常用单位有 kg/m^2（表示单位面积的出栏活重）、只$/m^2$（表示单位面积鸡的饲养量）、$m^2/$只（表示每只鸡占有的面积）。也有研究认为应当把采食空间和饮水空间纳入饲养密度评定体系之中。

饲养密度的适宜范围因肉鸡的品种、饲养环境、饲养方式和生长阶段而不同。高密度饲养是当前肉鸡饲养的一个突出特点。合理的饲养密度不仅能充分利用鸡舍，还能获得更好的养殖效益。过低的饲养密度造成鸡舍资源浪费，增加肉鸡饲养成本；而过高的饲养密度会增加鸡舍环境压力，降低动物福利和产品质量。饲养密度和群体规模还与其他环境因子（如温度）存在相互作用，可能恶化舍内环境条件，导致肉鸡健康福利问题的产生与生产性能下降。此外，也有研究发现，饲养密度增加会导致肠道中病原体数量的增加，增加肉鸡患坏死性肠炎的可能性，对肉鸡肠道健康和生长都有负面影响。因此，探讨肉鸡适宜密度参数及其限值非常重要，需要在不同的试验条件下（品种、性别、饲养方式、群体规模、饲养环境等）制定可行的饲养密度参数。

2. 群体规模 群体规模是指组成一个群体的肉鸡数量的多少。规模越大，肉鸡饲养量越多，产生的热量、呼出的二氧化碳、水蒸气和发酵产生的氨气越多，对环境条件的要求也越高。群体规模已被确定为影响集约化生产中家禽福利的主要因素之一。在过去的几十年里，由于肉鸡价格的不稳定、单只鸡的生产成本增加以及市场竞争激烈等多种原因，导致肉鸡饲养群体规模显著增加。在西方国家，大群体饲养方式已经得到普遍应用。从经济角度考虑，大群体饲养可以节省土地和圈栏费用。在大群体饲养的情况下，料槽、饮水器、躺卧区的面积等很多资源是按比例提供给动物的，这样动物就有了更多的选择权。随着群体规模的增大，圈舍中"空闲区域"的面积也就相对增大。另外，非标准化环境控制养殖条件下，温度低时，大群体饲养可以减少动物体热损失。当然，大群体饲养也有其缺点，如在对单个动物进行兽医处理时则不方便，不利于疾病的控制；大群体笼养肉鸡不利于抓捕等操作；需要更多的饲养人员等。

（三）光环境

肉鸡对光环境极为敏感，光谱感应范围广。肉鸡视觉细胞分为两类，即视杆细胞和视锥细胞，视杆细胞对弱光敏感，但不可区分颜色；视锥细胞可以区分颜色，并在强光时发挥作用。光刺激通过视网膜受体产生光信号传导至视觉中枢，或者直接通过颅骨刺激视网膜外光受体产生神经冲动，刺激下丘脑产生激素，完成光信号转化为化学信号，调节相关激素分泌，参与各种生理活动的调控。

光环境包括光源、光照颜色、光照度和光照周期。

1. 光源 自然光条件最适合动物的生长发育，但集约化封闭式的养殖方式不能满足自然光照环境，必须采用人工补光。目前，生产实践中使用的光源主要是白炽灯和日光灯，但是这两者光源的能耗高、寿命短。我国已于2012年正式禁止进口和销售100 W及以上功率的白炽灯。因此，我们需要一种新的光源。相对于白炽灯和日光灯，LED灯光源对肉鸡的行为、生长性能和动物福利均无不良影响，在实践中可代替白炽灯和日光灯，且可节省能源，降低饲养成本，扩大经济效益。

寇涛等（2018）比较了LED灯和节能灯这两种光源在大规模白羽肉鸡生产中对白羽肉鸡生长发育及生产成本的影响。试验在福建圣农集团有限公司肉鸡饲养场进行，选取同一批出雏的1日龄罗斯308肉鸡36万只开展试验。LED灯和节能灯对肉鸡生产性能的影响见表1-7，成本比较见表1-8。结果表明，在光照度和光照程序相同的情况下，使用LED灯的鸡群生产性能与节能灯的生产性能无显著差异。与节能灯相比，使用LED灯可显著降低生产成本，其中两种光源的灯具安装费用无显著差异，且节能灯组的灯具成本略高于 LED 灯。电费是 LED 灯节约成本的主要因素，LED 灯组电费仅为节能灯组的一半。综合电费和灯具成本，使用 LED 灯每只肉鸡可节约成本 0.017 5 元。仅按福建圣农集团有限公司 2013 年开始到 2018 年 3 月将 LED 灯替代节能灯用于年出栏的 4.738 亿只肉鸡计算，共计节约成本 829.19 万元，成效相当可观。

表 1-7　不同光源对白羽肉鸡生产性能的影响

组别	初始体重（g）	42 日龄出栏体重（g）	42 日龄成活率（%）	全期日增重（g/只）	全期料重比	欧洲效益指数
节能灯组	42.3±0.56	2 552.12±10.54	95.96±0.31	59.79±0.31	1.74±0.03	334.32±6.87
LED 灯组	42.2±1.08	2 552.66±27.79	95.98±0.24	59.78±0.46	1.74±0.01	334.9±5.06

表 1-8　不同光源成本比较（元/只）

组别	灯具费	线路、套管及安装费用	电费	合计
节能灯组	0.006 6	0.002 3	0.030	0.038 9
LED 灯组	0.004 2	0.002 2	0.015	0.021 4
LED 灯组节约成本	0.002 4	0.000 1	0.015	0.017 5

2. 光照颜色　光照颜色的三原色为红、绿、蓝，这三种颜色无法由别的颜色混合而成，前者为短波长，后两者为长波长，但是这三种颜色可以按照比例形成不同颜色的可见光。此外，光照颜色是由光的波长决定，国际照明委员会（CIE）按波长将光波分为：紫光（380～435 nm）、蓝光（435～500 nm）、绿光（500～565 nm）、黄光（565～600 nm）、橘黄光（600～630 nm）、红光（630～780 nm）。在实际生产中，光的波长是由光源（照明工具）决定的，目前白炽灯使用较多，其光谱为全波段光谱，此外，荧光灯、高压钠灯也是可选择光色的。结合 LED 灯的光电转化效率高、光利用率高、可调控性强、寿命长等特点，同时考虑肉鸡生产效益与节约能源等方面，可在肉鸡生产中推广使用 LED 灯光源代替白炽灯。

3. 光照度　光照度是光照管理中对肉鸡行为、生产性能、福利、健康水平产生影响的要素之一。一般来说，光照度过大，导致肉鸡神经兴奋，活动量增加，生产力和饲料转化效率降低；反之，光照度过小，限制肉鸡的采食和活动，进而降低代谢强度和性能。有研究表明昼夜光照度差距增大，使动物的节律行为更加明显，可以提高动物福利。目前，商业肉鸡生产一般采用低光照度，可以提高饲料转化效率，降低肉鸡猝死率和过度活动引起的胴体损伤。然而，低光照饲养环境会对肉鸡眼睛造成不利影响，并降低肉鸡活动，增加蹲坐时间和腿病发生率。

此外，光照度对肉鸡福利造成一定影响。众所周知，动物福利的要求不仅是要没有某些不良感受或者影响，重要的是需要产生一定的积极作用，如产生愉悦感。合适的光照度下肉鸡的活动如梳羽、觅食等行为会更加活跃，提升动物福利。选择合适的光照度不仅能直接提高肉鸡生产性能，还将通过影响肉鸡行为和节律间接获得经济效益。因此，生产养殖过程中选择合适的光照度对肉鸡的生长发育、福利、行为和经济效益有重要影响。

4. 光照周期　昼夜节律是生物长期进化过程中自然选择的结果，其实质是光周期的变化。光照周期是光照管理过程中会对肉鸡行为、生产性能、福利、健康水平产生影响的要素之一。机体的多种行为和生理功能都表现出明显的昼夜节律现象，如睡眠、摄食等自主活动以及血压、血脂、心率、体温、激素水平、细胞代谢、细胞增殖、免疫调节等生理活动。在生产实践中人们往往通过人工补光延长光照时间或者完全使用人工光照以期获得更好的经济效益，一定程度上延长采食时间，提高肉鸡的生长速度，但是同时也会从一定程度上损害肉鸡福利和健康，影响鸡肉品质。长时间黑暗影响鸡的正常采食，降低肉鸡采食量和生长速度。肉仔鸡在出生前3d一般保持24h光照并保证一定的光照度（20lx），主要目的是让肉鸡熟悉环境，能够正常采食和饮水后，再逐渐减少光照时长至自然光照周期，实行新的光照制度。

光照通过调节多种激素分泌改变家禽生理学和行为学过程，影响肉鸡的行为活动、新陈代谢、生长发育以及免疫系统功能。正确处理肉鸡养殖过程中光照周期、光照度和光照颜色的关系，选择最适宜的光照制度和光源可提高肉鸡的生产性能，降低光照能耗，使经济效益达到最大化。目前肉鸡生产中常用的是持续性光照和间歇性光照。长期使用持续性光照会增加鸡的紧张感，使其降低必要的行为活动，不利于健康生长，适当降低持续光照时间能从许多方面改善肉鸡的健康，但是不同间歇性光照的试验结果有所不同。因此，采用合适光源，研究光照度、光照周期等参数十分重要。

（四）气体环境

由于肉鸡饲养密度高，舍内空气质量较差，鸡舍内高浓度的有害气体会对鸡群的健康和生产性能产生不利影响，同时对周围居民和大气环境造成危害。鸡舍内有害气体主要包括氨气、二氧化碳和硫化氢。

1. 氨气 氨气是一种无色、具有刺激性气味的有毒气体。肉鸡体内时刻都在产生氨气，大部分由器官组织代谢活动产生，少部分由肠道微生物分解产生。研究报道，家禽日粮中大约67%的氮被排出体外，仅33%的氮进入到组织或蛋中。张晓迪等（2014）研究发现，1～42日龄白羽肉鸡平均每只鸡排放氨气2 778mg，平均氨气排放率为每只鸡66mg/d。禽舍内氨气的来源主要包括：①家禽的氮代谢主要通过氨基酸降解以及嘌呤核苷酸代谢生成尿酸，而相当数量的尿酸被排到动物胃肠道，在微生物脲酶的催化作用下，水解生成氨；②家禽消化道短，营养物质消化低，未消化的蛋白质、氨基酸等含氮营养物质以粪便形式排出，在各种微生物的作用下分解产生氨气；③舍内饲料残渣和垫料等堆积发酵含氮有机物分解产生氨气。

肉鸡饲养方式、通风、垫料清除方式、季节都影响鸡舍氨气浓度，平养肉鸡、一次性清除垫料鸡场冬季氨气往往超标；而立体笼养鸡舍氨气浓度甚至在冬季都低于 $7.59mg/m^3$ （表 1-9）。过高浓度氨气强烈刺激肉鸡的眼睛，诱发眼部疾病导致其觅食困难，影响鸡群生长性能以及代谢机能，损伤肝脏和小肠黏膜，氨气刺激会引发家禽多种呼吸道疾病，还能导致肉鸡腹水综合征的发生及其发病率的提高，严重降低家禽的生产性能，高浓度氨气还会引起机体中毒，甚至导致死亡。因此，垫料平养肉鸡场，一定要高度关注鸡舍氨气浓度。

表 1-9　对不同养殖模式下鸡舍氨气及二氧化碳的研究及结果比较

养殖模式	饲养管理	季节	氨气 （mg/m³）	二氧化碳 （mg/m³）	参考文献
地面平养	*	冬季	17～63	2 777～3 199	亓丽红，2018
网上平养	*	冬季	8.9～89.2	2 721～3 635	
立体笼养	*	冬季	5.4～16.1	3 495～4 852	
立体笼养	机械通风	秋季	0.41～1.02	2 725～3 477	申李琰，2017
		冬季	0.42～1.18	3 633～5 681	
立体笼养	机械通风自动 清粪（1次/d）	冬季	*	2 777～7 790	张建立，2017
网上平养	自然通风	夏季	42.7	*	刘雪兰，2015
地面平养	出栏时一次性清粪	冬季	＞100	2 395～4 683	王妮，2012
地面平养	机械通风	冬季	21.25～26.56	*	Wathes，1997
		夏季	11.38～13.66	*	
塑料大棚	*	冬季	60.71	*	王忠，2008
地面平养	*	冬季	45.54	*	

注：* 表示参考文献中未提及。

2. 二氧化碳　二氧化碳（CO_2）是一种常见的温室气体，无色无味，本身无毒性。二氧化碳主要来源于舍内肉鸡的呼吸作用，粪便和垫料中的微生物分解也可产生部分二氧化碳。肉鸡生长速度快、新陈代谢旺盛，需氧量大，排出的二氧化碳也多。此外，冬季鸡舍内通风量小，并且许多鸡舍采用煤炭取暖大大提高了舍内二氧化碳的浓度。二氧化碳的含量表明了鸡舍通风状况和空气的污浊程度，当二氧化碳含量增加时，其他有害气体含量也增高，因此二氧化碳浓度通常被作为监测空气污染程度的可靠指标。Burns 等（2008）研究报道，在肉鸡养殖生产过程中，随着日龄的增加二氧化碳排放量直线上升。张晓迪等（2017）研究报道，1～42 日龄，肉鸡二氧化碳的排放量随日龄增加先逐渐升高，之后维持在稳定状态。鸡舍内二氧化碳本身并没有毒性，但是二氧化碳浓度过高会导致舍内氧气浓度过低，鸡群长期氧气不足容易导致慢性中毒，降低免疫功能和采食量，进而降低养殖效益（魏凤仙等，2011）。

申李琰等（2017）同时通过比较层叠式立体笼养肉鸡舍秋冬季节舍内二氧化碳含量发现，冬季舍内二氧化碳浓度显著高于秋季，秋季二氧化碳浓度在 2 725～3 477mg/m³，而冬季达到 3 633～5 681mg/m³（表 1-9），可见，立体笼养肉鸡舍秋冬季节二氧化碳浓度往往严重超标，值得重视。

3. 硫化氢 硫化氢是一种无色、易挥发并带有臭鸡蛋味的有毒有害气体，对畜禽的健康和生产性能产生一定影响。畜禽舍中的硫化氢主要来源于粪尿、饲料残渣、垫料等含硫有机物的分解，肉鸡舍中硫化氢水平是可变的，取决于许多影响因素，包括日粮组成、水质、粪便处理、通风状况、饲养密度、肉鸡的生长阶段以及季节性变化。硫化氢（H_2S）主要来自含硫有机物的分解，鸡消化不良时也会产生硫化氢。硫化氢一般在夏季含量较高，特别是密闭鸡舍内，冬季含量较低，甚至检测不到。硫化氢毒性很强，主要刺激呼吸系统及黏膜，禽舍中硫化氢浓度大于 6.6mg/m³ 时，家禽易流泪，咽部不适，会发生气管炎、鼻炎、肺水肿等（王世鹏，2008）。严格来说，鸡舍内硫化氢含量应少于 10mg/m³。由于硫化氢比重较大，因此对阶梯式鸡舍底层及平养鸡毒害最为严重，可使鸡体质下降，严重时导致呼吸中枢麻痹死亡。舍内长期的低浓度硫化氢会对鸡的生长发育及生产性能产生一系列不良影响，使鸡食欲减退，抗病力减弱，体质下降，易发生肠炎、心力衰竭等，严重影响生长发育和产蛋；高浓度的硫化氢，可导致鸡发生眼炎、呼吸道炎，出现神经质，呼吸困难，严重的最终窒息死亡。因此，为更好地降低硫化氢浓度，有效控制鸡群疫病防治，应加强舍内通风，保证空气新鲜、流通，还要提高饲养管理质量，严格按规章制度来执行日常管理，如及时清理粪便及保持舍内卫生、检查饮水器漏水情况等。

（五）空气微粒和微生物

1. 空气微粒　鸡舍内的微粒来源于饲料、垫料、羽毛、排泄物和微生物等，是病毒、细菌、真菌孢子等有机物质的载体，同时可能携带有害气体和臭气。鸡舍内的微粒一部分是由舍外进入的；另一部分是在饲养管理过程中产生的。由于鸡只在采食活动，可扬起大量的粉尘，同时夹带大量的粪干、被毛碎屑、饲料残粒等，在饲喂鸡只和清扫舍内地面时，均可使舍内微粒增加。大量的微粒可被肉鸡吸入呼吸道内，大于 $10\mu m$ 一般被阻留在鼻腔内，$5\sim10\mu m$ 的微粒可到达支气管，$5\mu m$ 以下的微粒可进入支气管和肺泡，而$2\sim5\mu m$ 的微粒可直至肺泡内。被阻塞在鼻腔内的无机性微粒，对鼻腔黏膜发生刺激作用，如微粒中夹带病原微生物，可使肉鸡感染。如果畜舍内空气湿度较大，微粒可吸收空气中的水汽，亦可吸附一部分氨和硫化氢等，此类混合微粒如沉积在呼吸道黏膜上，可使黏膜受到刺激，引起黏膜损伤。微粒愈小，其危害性愈大。一般空气潮湿，易使固态微粒吸收水汽，变重下沉，使呼吸道疾病减少。

刘菲等（2019）和 Xiao 等（2018）报道，集约化肉鸡场无论舍内还是舍外环境，所有 $PM_{2.5}$ 样品质量浓度均高于《环境空气质量标准》（GB 3095—2012）和世界卫生组织的《空气质量准则》规定的日均值浓度（图 1-3）。据报道，饲养的动物和饲养人员长期暴露于微粒质量浓度较高的空气，会给他们的身体健康带来许多问题；与其他农业工人相比，家禽饲养工人的眼睛疾病、呼吸系统疾病、皮肤病的患病率更高（刘菲，2019；Just等，2011）。

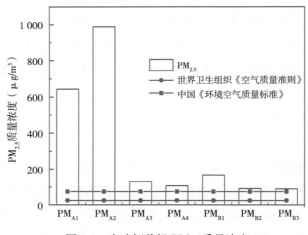

图 1-3　肉鸡饲养场 $PM_{2.5}$ 质量浓度

2. 空气微生物　微生物是动物舍环境污染的主要因素，动物舍的生物污染可以引起一系列传染病的流行。微生物以单独（单细胞）悬浮状态、与干燥固体颗粒（尘埃）、液体微粒（液体小滴）相连接在空气中悬浮就形成生物气溶胶，又称微生物气溶胶。微生物气溶胶中的粒子种类非常多，包括病毒、细菌、放线菌、立克次氏体、支原体、衣原体、真菌等。微生物气溶胶以微生物的种类可分为细菌气溶胶、病毒气溶胶、真菌气溶胶等。规模化家禽养殖场鸡只在养殖区域内高密度聚集，通过呼吸、打喷嚏、粪便排泄等生理活动不断向环境中排放大量微生物，而舍内空气环境与外界相比，流动性较差、湿度高，缺乏日照辐射，十分有利于空气中微生物的增殖。这些微生物及其代谢产物所形成的高浓度生物气溶胶不仅影响舍内家禽健康与生产性能，吸入人和动物体内后，在一定条件下还能进行自我繁殖，导致多种呼吸系统疾病，包括过敏性和非过敏性鼻炎、支气管炎、哮喘和慢性肺功能减退等。研究证明，只需极少量细菌就可以引起气源性感染，若携带传染性病菌，可引发大范围的传播蔓延，引起畜禽和人类的气源性疾病传播与暴发（柴

16

同杰等，2003；段会勇等，2008）。当然，禽舍内空气中生物气溶胶的危害程度不仅取决于微生物的致病性，还取决于其穿透呼吸道系统的粒径大小（Brodka 等，2012）。此外，生物气溶胶还与大气物理、化学活动过程有一定联系，并间接影响气候环境，成为危害周边人居环境、影响公众生产和生活的养殖公害之一（魏文斐等，2018）。

国内对动物舍内空气微生物的研究起始于 20 世纪 90 年代末期，主要集中在对某种特定致病菌或者细菌组成的研究。有研究报道，禽舍空气中金黄色葡萄球菌含量达 $3.3 \times 10^4 CFU/m^3$（柴同杰，2001）。屈凤琴（2000）等对鸡舍空气中致病微生物进行了监测，空气中大肠杆菌和葡萄球菌的污染程度严重，沙门氏菌和霉菌的污染程度较轻。Wiegand 等（1993）的研究表明，肉鸡舍内每克尘埃中含细菌 2.1×10^9 个，进一步分析得到含葡萄球菌 1.2×10^9 个、链球菌 4.4×10^8 个、肠杆菌 2.8×10^5 个和霉菌 8.3×10^5 个。减少饲养密度，可以减少空气微粒的产生；定时通风换气，及时排出舍内粉尘及有害气体；必要时可以在进风口安装滤尘器，或在风管中设除尘、消毒装置，对空气进行过滤，以减少粉尘量。

第二节　饲养环境评价

饲养环境变化会引起肉鸡特异性反应和非特异性反应。特异性反应如高温引起气喘、伸展休息，寒冷引起颤抖。非特异性反应也称应激，不因环境的种类不同而变化，这些环境因子叫环境应激源，环境应激源会对肉鸡的行为、免疫和生理等方面产生不利的影响，并且这种影响会随着应激强度的加深而加深（图 1-4）。

要想充分发挥肉鸡的遗传潜力，就需要依赖对环境因子的控制

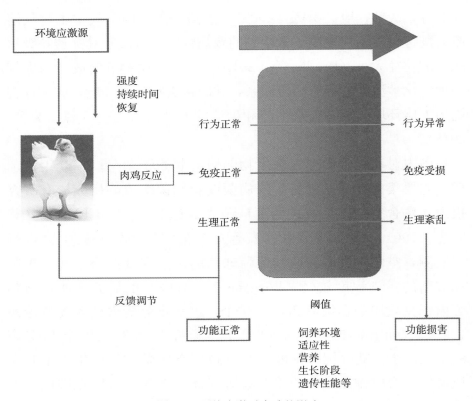

图 1-4　环境应激对肉鸡的影响

和管理。而环境因子控制和管理的好坏，最客观、可靠的评价指标是肉鸡对环境的反应。

一、饲养环境评价的常用指标

（一）生理学指标

环境刺激下，肉鸡需通过机体组织、器官的综合调控已满足代谢需求，维持生理稳态。主要指标有：体温、呼吸频率、生理节律、血液 pH，以及血液钠、钾、氯、钙、镁和硫酸根离子变化值等。

18

（二）行为学指标

行为学指标能敏感地反映出动物本身的身体与心理需求，是反映动物应激的一个较为敏感的指标。常用的行为指标一般是对日常行为的观察，如趴窝、站立、采食、饮水、休息、探究、修饰行为等，以及一些对异常行为的观察，如啄物、争斗行为等。

应激的影响可以是身体上的，也可以是情绪上的。情绪应激需要通过大脑边缘和皮层系统的信号加工处理并对相关的储存信息进行分析评估，当下丘脑-垂体-肾上腺（HPA）轴的情绪应激激活后动物将同时产生恐惧感。恐惧感是应激造成影响的一个重要结果。测试紧张性不动（TI）和对新奇物的反应能用于评价恐惧感。

（三）内分泌指标

动物产生各种环境应激时 HPA 轴和下丘脑-垂体-甲状腺轴的反应较为敏感，肾上腺皮质激素和甲状腺激素的分泌水平常用于评价动物的应激状况。家禽分泌的糖皮质激素主要为肾上腺皮质酮。

（四）免疫应答指标

异噬白细胞和淋巴细胞的比值（H/L），作为一个可靠的反应家禽应激的指标已经得到了广泛认可。生理或物理应激如禁食、禁水、惊吓、拥挤等都能增加 H/L 比值，也有研究证明，热应激能增加 H/L 比值。

（五）代谢状态指标

酶是动物进行新陈代谢的催化剂，对动物体内的物质代谢起重要作用。肌酸激酶（CK）是一种器官特异性酶，它在细胞能量代谢过程中有着重要作用。环境应激条件下，血液 CK 活性升高，是肌细胞膜功能和通透性受到破坏、骨骼肌损伤的标志，也是动物受到应激的重要特征之一。

（六）健康与福利指标

肉鸡的福利与健康状态能很好地反映环境质量，常见的指标有：热舒适度、羽毛清洁度、脚垫和关节损伤与否及损伤程度、反映肉鸡腿部健康和行走能力的步态评分、反映情绪变化的恐惧感等。

（七）生产性能指标

反映环境质量好坏最客观、直接的指标为生产性能，如日增重、饲料转化效率。

二、饲养环境评价存在的问题

当前有关肉鸡环境评价中存在的问题主要有以下几个方面：

（1）一些敏感指标获取过程中会对动物造成干扰或应激。例如，生理指标中直肠温度测量，需要抓鸡绑定和用热敏探头插入直肠测量，不仅对实验动物造成很大干扰，也难以操作，测量误差比较大；又如一些血液中的指标，也需要抓鸡绑定采血，对实验鸡造成了很大的应激，这对指标造成的影响甚至有可能大于环境因素的影响。

（2）一些指标本身的变异性比较大，在不同的肉鸡生长期内对环境的变化有不同的反应和敏感性，或者昼夜变动性比较大。如甲状腺激素有明显的昼夜节律性，一天内不同时间的波动比较大，限制了其在环境评价中的应用。

因此，在对饲养环境进行评价的过程中，需要筛选出一些能客观反映环境对肉鸡生命过程影响规律的指标。这些指标在采样时间内不能发生较大的波动，而且能确实反应来自环境因素的影响，所以要求一些变化较快的敏感指标的获取方式是非侵入或非应激的，或者一些指标对短期的适度干扰不会发生剧烈波动。

三、饲养环境评价的新进展

（一）耳叶皮温作为肉鸡热舒适性评价的非倾入性生理指标

通常用于测定肉鸡体核温度的方法是用数字式测温计测定泄殖腔的温度，该方法需要抓鸡，保定，不仅费时，而且对肉鸡造成侵害，影响数据的准确性。甄龙和张敏红等用热红外成像技术测定皮温以替代体核温度（图1-5），用于评价肉鸡的热舒适性，耳叶皮温与环境温度相关系数为0.968 7（图1-6），与体核温度相关系数为0.916 7（图1-7）。

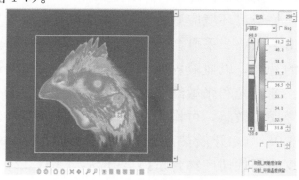

图1-5　红外热成像技术测定肉鸡耳叶皮温

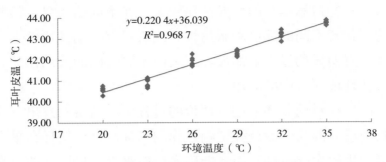

图 1-6　不同环境温度与耳叶皮温的关系

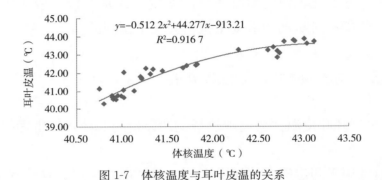

图 1-7　体核温度与耳叶皮温的关系

（二）粪便皮质酮代谢产物作为肉鸡热舒适非侵入指标的研究

当动物受到应激时，刺激 HPA 轴分泌糖皮质激素，动员体内的储备能量，使动物做好战斗或逃跑的准备，是应激的非特异性反应。以往关于鸡环境应激的研究也多采用血液皮质酮作为指标，然而，由于抓鸡、采血会造成应激，并在短时间内引起血浆皮质酮含量的升高，以血液皮质酮含量为指标的相关研究结果逐渐受到质疑。苏红光和张敏红研究得出：粪便皮质酮代谢产物对急性高温应激反应敏感，可作为一项非侵入指标对肉鸡热应激做出及时评价。08：00 开始热应激，急性热应激后 2h（10：00）内肉鸡粪便皮质酮代谢产物含量显著升高，4 h（12：00）后恢复到正常水平（图 1-8）。

采用以 2h 内粪便皮质酮代谢产物含量作为指标，不但不会干扰动物的行为，而且排泄物中代谢产物含量代表了过去一段时间内皮质酮分泌量的综合水平。而血液采样是确定时间点的采样，代表的只是这一时刻血液中的皮质酮水平，受采样时间的影响较大。

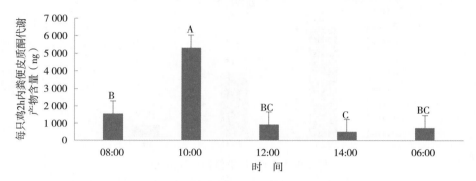

图 1-8　急性热应激对肉鸡粪便皮质酮代谢产物的影响

注：图中不同大写字母表示差异极显著（$P<0.01$）。

（三）根据修饰行为时间分配、侵扰行为时间分配和休息行为谱分别判定肉鸡热不舒适、偏冷不舒适和偏热不舒适的方法

肉鸡热环境舒适性管理是现代产业化肉鸡生产必不可少的。舍饲肉鸡在热舒适区时福利最好、能量消耗最少、生产效率最高。热应激导致肉鸡生产性能、抗病力和肉品质下降。国内外肉鸡生产早已广泛应用电子设备和计算机精准控制舍内温度以期获得最佳经济效益。因此，寻找热舒适评价的适宜指标及其方法十分重要。当前用于评价热舒适的有生理、行为、内分泌指标和生产性能等。行为指标的获得不需要直接接触肉鸡，可以更准确直观的反应肉鸡的福利健康水平。胡春红和张敏红等获得了根据修饰行为时间分配、侵扰行为时间分配和休息行为谱分别判定肉鸡热不舒适、偏冷不舒适和偏热不舒适的方法。

1. 根据修饰行为判定肉鸡热不舒适的方法　测定热刺激 2h 肉

鸡修饰行为及其时间分配的变化，并根据其变化及早评价肉鸡所处的环境温度是否过高，从而及时采取对策以避免因热不舒适导致肉鸡生产性能的下降（图1-9）。

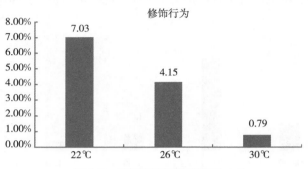

图1-9　不同温度下修饰行为占比

2. 根据侵扰行为时间分配判定肉鸡偏冷不舒适的方法　测定偏冷刺激2h肉鸡侵扰行为及其时间分配的变化，并根据其变化进行提早判定肉鸡偏冷不舒适（图1-10）。

3. 根据休息行为谱判定肉鸡偏热不舒适的方法　测定偏热刺激2h肉鸡休息行为谱及其时间分配的变化，根据其变化进行判定肉鸡偏热不舒适，可及早评价肉鸡所处的环境是否偏高，从而及时采取对策以避免因偏热不舒适导致肉鸡生产性能的下降（图1-11）。

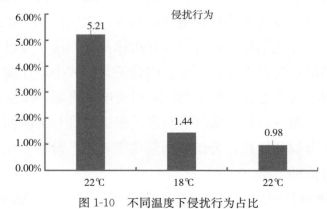

图1-10　不同温度下侵扰行为占比

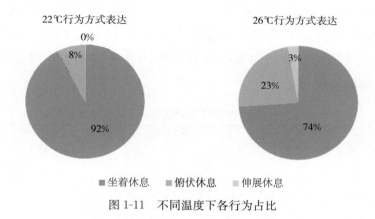

图 1-11　不同温度下各行为占比

(四) 水料比作为偏热环境肉鸡热舒适评价指标

目前，畜禽热舒适评价的可靠指标较少，尤其在家禽养殖生产中，饲养人员多采用肉眼观察、经验判断等传统方式调控温热环境，尚无有效的科学评价指标或方法。随着现代化养殖的快速发展，自动化饲养管理使得肉鸡采食、饮水自动化记录成为可能，笔者团队甄龙和张敏红等（2015）研究得出：肉鸡每日水料比（W/F）与环境温度、肉鸡体核温度、呼吸频率呈极显著相关（表 1-10）。肉鸡 W/F 反映不同温度下肉鸡的冷热程度，可作为偏热环境下肉鸡热舒适评价的指标。

表 1-10　肉鸡每日水料比 W/F 与当日环境温度、肉鸡生理指标的相关性

项目	环境温度	体核温度	呼吸频率
每日水料比 W/F	0.92**	0.88**	0.83**

注：**表示极显著相关（$P < 0.01$）。

(五) 早期氨暴露的肉鸡摇头行为反映肉鸡损害程度

笔者团队柳青秀和张敏红等研究了肉鸡头部行为与不同环境氨

气浓度下肺损伤和生产性能的关系，发现，氨暴露2h和24h肉鸡的摇头频率与3周后肉鸡的生产性能和肺组织损伤显著相关（表1-11）。这表明，氨暴露初期的肉鸡摇头行为可以反映后期生产性能和肺组织健康的损害程度。

表 1-11　不同氨气浓度下肉鸡的挠头和甩头行为频率

时间	行为	不同氨气浓度				P 值
		0	15mg/m³	25mg/m³	35mg/m³	
2h	挠头	3.83 ± 2.93^a	6.50 ± 3.88^{ab}	6.83 ± 1.17^{ab}	7.33 ± 1.86^b	0.137 2
	摇头	7.33 ± 3.44^a	14.5 ± 3.94^b	29.2 ± 6.74^c	29.0 ± 7.48^c	<0.000 1
24 h	挠头	2.00 ± 1.79^a	4.33 ± 2.16^{ab}	4.83 ± 1.60^b	4.67 ± 2.50^b	0.087 8
	摇头	7.83 ± 3.06^a	26.0 ± 5.59^b	35.3 ± 9.67^c	36.2 ± 10.9^c	<0.000 1
72h	挠头	2.17 ± 0.75^a	4.33 ± 1.51^b	4.17 ± 1.47^b	5.00 ± 1.67^b	0.013 4
	摇头	7.17 ± 2.14^a	18.0 ± 3.16^b	21.17 ± 4.4^b	18.5 ± 1.87^b	<0.000 1

注：上标不同小写字母表示差异显著（$P<0.05$），相同小写字母表示差异不显著（$P>0.05$）。

（六）根据不同环境温度范围提出温湿指数计算公式

温湿指数能反映环境温度和湿度综合效应。笔者团队李萌和张敏红等提出了不同温度范围、温度和相对湿度对温湿指数的贡献不同。肉鸡温湿指数计算公式如下：

22～24℃，几乎不受湿度影响。

24～30℃，$THI=0.77T_{db}+0.23T_{wb}$

30～36℃，$THI=0.54T_{db}+0.46T_{wb}$

（七）肉鸡热舒适度进行分级

笔者团队李萌和张敏红等综合研究了肉鸡小腿温度、张口率、体核温度、呼吸频率、采食量、饮水量和死亡率随环境温度变化规律，以及上述指标拐点温度，再结合试验结果，可以将肉鸡热舒适度进行分级，分为舒适区、警戒区、偏热区、热区、过热区和极热区（表 1-12、图 1-12）。

表 1-12 各生理指标温度模型参数值

项目	常数 C	拐点温度（℃）		斜率［g/（只·d·℃）］	
		IPt1	IPt2	K1	K2
小腿温度	41.5（℃）	24.49		0.39	
张口率		25.01	30.29	8.56	
体核温度	41（℃）	25.36		0.23	
呼吸频率	21.01 （次/30s）	26.55	33.42	8.56	−4.54
采食量	174.04 ［g/（只·d）］	29.24		−14.86	
饮水量		29.56		15.84	−42.33
死亡率		32.77	40.99	0.11	

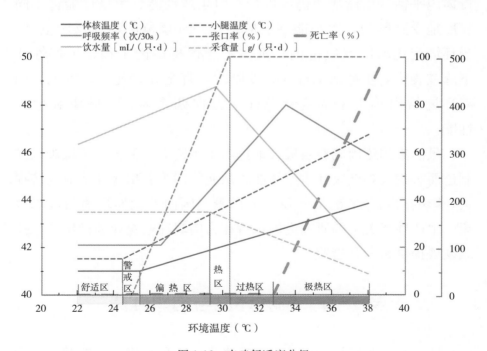

图 1-12 肉鸡舒适度分级

第二章
饲养环境与肉鸡健康生产

当环境变化处于肉鸡的适宜范围之内，肉鸡可以通过特异性反应，维持正常的生长发育。如果环境变化的程度、持续时间超出了适宜范围，机体就必须动员体内防御机制，依靠非特异性反应即应激反应克服环境变化所带来的负面影响，使机体仍然能保持体内平衡，生命活动仍可进行，但生产性能、免疫性能将不同程度地受到影响，肉鸡能够适应的这一环境范围称为反应范围。当环境变化超出反应范围，机体不能保持体内平衡，生产性能下降或丧失，生命活动进入病理阶段，直至导致死亡。可见，饲养环境给肉鸡带来的变化总体上指向两个方面：健康和生产性能。

虽然集约化肉鸡养殖极大地提高了生产力，但饲养环境难以控制进而影响肉鸡健康和生产性能，从而给肉鸡养殖企业造成经济损失，影响肉鸡养殖经济效益。本章概述国内外饲养环境与肉鸡健康、生产性能关系的研究进展，旨在为肉鸡养殖企业的健康、可持续发展提供参考和借鉴。

第一节　饲养环境与肉鸡健康

健康是一个广泛的概念，包括生理、心理和机体上的健康。饲

养环境变化将引起肉鸡特异性和非特异性反应，非特异反应也叫应
激，包括生理、心理和机体的应激，导致肉鸡福利下降；应激反应
引起的神经内分泌变化，通过影响机体免疫机能而影响肉鸡对疾病
的抵抗力。此外，应激时生理和代谢过程的改变和组织变化，也可
引发各种全身或局部疾病。

一、热环境与肉鸡健康

（一）温度与肉鸡健康

1. 温度影响肉鸡体温恒定　维持体温恒定是提高家禽生产效
率的前提。肉鸡体温维持生理范围内取决于机体产热和散热的动态
平衡。在良好的饲养环境下，肉鸡产热与散热变化最小，其体核温
度范围为 40.5～41.5℃，热应激时，体温通常上升 1～2℃，并以
能量形式储存于体内；当体温上升超过肉鸡生命承受能力时，肉鸡
停止储热，甚至发生死亡。

甄龙（2015）研究发现，在 28～35d 阶段，与对照组 21℃相
比，31℃肉鸡呼吸频率升高，表现为热喘，张口呼吸；在 35～42d
阶段，26℃肉鸡体核温度、耳叶皮温升高。胡春红等（2015）研究
了不同温度（18℃、22℃、26℃ 和 30℃）对 AA 肉鸡的影响，发
现在 29～38d 阶段，环境温度由 22℃升高到 26℃并不影响肉鸡体
核温度，升高到 30℃时肉鸡体核温度才显著升高。

笔者团队杨语嫣和冯京海研究发现，在一定的环境温度范围
内，肉鸡的体温基本保持恒定不变，随着环境温度升高到一定温度
点时，肉鸡的体表温度和呼吸频率会发生剧烈升高。当环境温度升
高到 23.61℃时，28 日龄肉鸡体表温度开始升高；当环境温度继续
升高到 26.87℃时，28 日龄肉鸡的体核温度开始升高；当环境温度
升高到 30.48℃时，28 日龄肉鸡的呼吸频率开始出现剧烈升高

（图 2-1）。同时发现，在 35 日龄时，肉鸡的体表温度、体核温度和呼吸频率分别在环境温度为 23.03℃、25.01℃ 和 28.40℃ 时开始升高（图 2-2）。

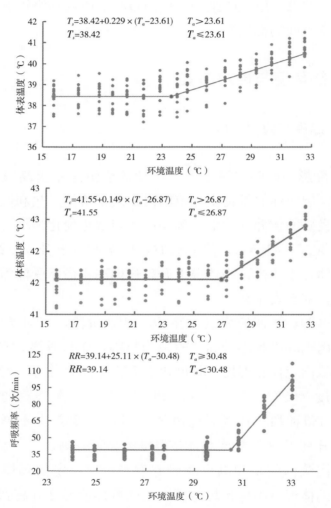

图 2-1　28 日龄时，肉鸡体表温度、体核温度和呼吸频率的拐点温度

2. 温度影响肉鸡内分泌和免疫机能　高温激活下丘脑-垂体-肾上腺轴，促进儿茶酚胺合成，增加皮质酮的动员耗竭。体温和代谢受到三碘甲腺原氨酸（T3）和甲状腺素（T4）的调节。甄龙

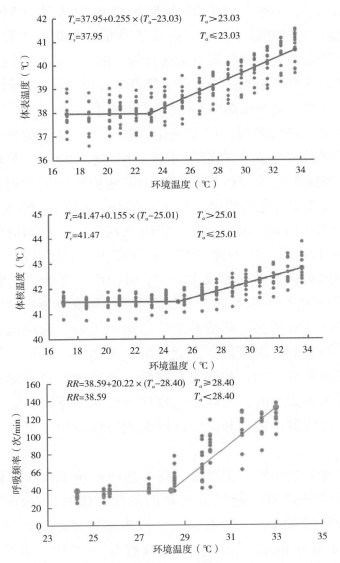

图 2-2　35 日龄时，肉鸡体表温度、体核温度和呼吸频率的拐点温度

（2015）发现，环境温度由 21℃升高到 31℃时，28～35d 肉鸡血清甲状腺素 T4 和皮质酮含量显著升高。高温引起肉鸡内分泌系统变化，提高脂肪合成，降低脂肪分解，提高氨基酸分解，增加了脂肪的沉积。

高温会上调瘦素和脂联素及其受体的表达（Morera 等，2012）。瘦素通过刺激下丘脑来降低采食量。脂联素作为"绝食信号"通过外周和中枢系统调节采食行为。因此，热应激通过提高瘦素和脂联素的水平来刺激下丘脑、降低采食量，从而降低体温过高动物的产热量，进而影响肉鸡的生长和健康。

家禽遭受热应激时，诱发氧化应激发生，细胞免疫系统发生异常，易受外界细菌、病毒的干扰。Ma 等（2019）发现热应激 21d 会下调脾固有免疫信号通路，上调细胞死亡信号通路，降低 28～42d 肉鸡固有免疫机能，导致脾损伤。Akşit（2006）研究温度对 21～42d 肉鸡（罗斯 308）影响发现，34℃增加血浆白蛋白水平和 H/L 比值。张少帅（2015）研究不同温度（21℃、26℃、31℃）对肉鸡的影响，发现在 29～35d 阶段，环境温度由 21℃升高到 26℃时显著降低肉鸡十二指肠分泌性免疫球蛋白（SIgA）含量。在 29～42d 阶段，环境温度升高到 26℃时不影响肉鸡免疫器官指数，31℃时显著降低法氏囊指数。上述结果表明，长期高温会造成家禽免疫抑制，如胸腺、脾脏、淋巴器官重量降低；巨噬细胞的吞噬能力下降、抗体和免疫球蛋白水平下降；法氏囊重量下降以及皮质淋巴细胞和髓质淋巴细胞数量减少，进而影响肉鸡的健康。

3. 温度影响肉鸡肠道健康　高温环境影响家禽的肠道绒毛高度。正常的肠道菌群能促进畜禽的消化、吸收、分泌和免疫机能。张少帅等（2015）发现 31℃应激 14d 显著降低了 29～42d 肉鸡空肠和回肠的绒毛高度。彭骞骞等（2016）和常双双等（2018）研究发现环境高温降低下丘脑五羟色胺（5-HT）和血管活性肽（VIP）含量，降低盲肠菌群多样性，抑制粪瘤胃球菌和费氏杆菌菌群生长，促进黄体嗜热菌菌群生长，损害空肠形态，增加氮的排出量，降低氮的利用率，进而降低肉鸡生长和肠道健康水平。倪学勤等（2008）研究表明，热应激（35℃）增加肉鸡小肠梭状芽孢杆菌数量，进而降低乳酸杆菌和双歧杆菌的数量。以上研究表明，长期热应激温度超过 26 ℃即会影响生长后期（28d 以后）肉鸡的菌群平衡，降低有益菌的数量，增加有害菌的数量。

　　总结以上研究结果，热应激激活下丘脑-垂体-肾上腺轴，增加皮质酮分泌，从而影响物质代谢和采食量；同时影响肠道形态、SIgA 分泌和菌群失衡；增加氧化应激；最终导致免疫机能下降，使肉鸡易受病原微生物侵袭（图 2-3）。

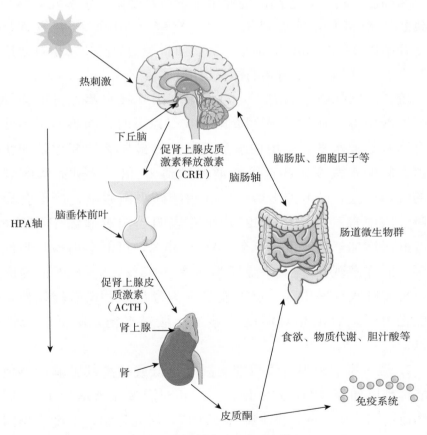

图 2-3　热应激影响肉鸡健康模式

（二）湿度与肉鸡健康

1. 湿度影响肉鸡水蒸发、热平衡和酸碱平衡 肉鸡的热平衡是产热和散热达到一种动态平衡状态。肉鸡无汗腺，全身覆盖羽毛，高温时皮肤蒸发散热方式占有重要的作用。在高温时，肉鸡通过皮肤和呼吸道黏膜水蒸发散热试图维持热平衡。在相对湿度（RH）为 50％～65％时，鸡的蒸发散热量达到最大值。

在高温环境下，过高湿度使水蒸发散热受阻。水蒸发散热受阻导致热平衡紊乱，体温显著升高。周莹（2017）研究发现，从20℃开始以 3℃在 15d 内递增到 32 ℃时，85％比 60％相对湿度显著升高 4～6 周龄 AA 肉鸡的体核温度。

较长时间暴露于高温下，过低湿度因呼吸水蒸发过度会导致呼吸性碱中毒。在相对湿度降低到 40％以下时，肉鸡为了不使体温升高到致死水平，会增加水蒸发散热，最显著的变化是加快呼吸道黏膜的水蒸发，甚至可能增加达到 20 倍，这进而影响到肺中的气体交换，CO_2 排出增加，导致酸碱平衡紊乱，严重会导致呼吸性碱中毒。Yahav（1995）研究表明当肉鸡暴露于 35℃时，随着肛温增加，当湿度降低到 40％～45％，可能会出现呼吸性碱中毒。同样发现在 35℃，湿度为 60％～65％，5～8 周龄的肉鸡没有出现呼吸性碱中毒，这可能是因为肾足以补偿碳酸氢根，也可能是由于适宜的相对湿度能够维持酸碱平衡，降低呼吸性碱中毒。

2. 湿度影响肉鸡免疫机能 湿度过低或过高都影响肉鸡免疫功能。魏凤仙等（2013）发现，85％相对湿度显著增加 4～6 周龄肉鸡血清 IL-1β 含量。张少帅等（2017）研究显示，湿度影响肉鸡的免疫器官指数，26℃下，35％相对湿度组 4～6 周龄肉鸡法氏囊指数显著高于 60％相对湿度和 85％相对湿度；而在 31℃条件下，

35％相对湿度组和60％相对湿度组法氏囊指数显著高于85％相对湿度组。孙永波（2017）研究得出，35％相对湿度组21d肉鸡脾脏指数显著低于85％相对湿度组，85％相对湿度组血清促炎细胞因子 IFN-γ 和 TNF-α 显著高于60％相对湿度组；与60％相对湿度相比，35％相对湿度显著降低42d肉鸡血清 IgA 含量，85％相对湿度显著降低血清 IgM 含量。以上研究结果得出，4～6周龄的鸡舍内湿度低于35％或高于85％，会影响肉鸡的免疫功能，导致免疫器官萎缩和全身炎症反应。

3. 湿度影响肉鸡福利和健康　湿度过高或过低影响有害气体生成、粉尘和微生物气溶胶粒径和浓度，致使空气质量变差，从而影响肉鸡福利和健康。

Schaffer 等（1976）报道，流感病毒在低湿环境下稳定性最强，中间湿度稳定性最低，高湿条件下稳定性适中。Arundel 等（1986）研究发现，相对湿度在40％～70％，空气细菌或病毒的存活和感染力最低；湿度过低会导致空气干燥，流感病毒和革兰氏阳性菌繁殖速度加快，容易引起疾病流行。育雏初期，由于室温较高，雏鸡呼出的水汽和排泄的粪尿较少，环境湿度过低会导致鼻、气管和肺等呼吸道黏膜水分大量流失，降低呼吸道纤毛的运动功能；同时，湿度过低导致舍内粉尘颗粒增多，舍内细菌、病毒等微生物与粉尘颗粒形成气溶胶，经鼻腔、气管等呼吸道进入肺泡，在肺部经血液循环进入血液，使呼吸道防御能力减弱，免疫功能降低，易发生支气管炎、肺炎等呼吸道疾病以及大肠杆菌病（魏凤仙，2012）。Yoder 等（1977）报道，在适宜温度下，低湿环境（23％～26％）肉鸡气囊炎的发生率显著高于高湿环境（75％～90％）。而在温度合适的环境中，适度的高湿能降低舍内粉尘，降低肺炎的发生率。

高湿使垫料水分增加，导致垫料霉变并结块，肉鸡脚垫皮炎和腿病的发病率增多，影响肉鸡行走。Weaver 等（1991）研究报道，与45％相对湿度相比，75％相对湿度组对2～6周龄罗斯肉鸡胸肌的灼伤率和足垫感染率显著提高。

综上所述，不同湿度对肉鸡健康的影响概括于图2-4。

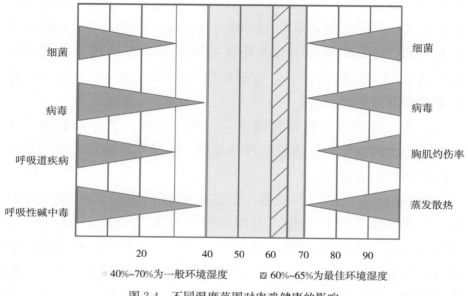

图2-4　不同湿度范围对肉鸡健康的影响

二、群体环境与肉鸡健康

（一）密度与肉鸡健康

1. 密度影响肉鸡免疫和抗氧化机能　饲养密度也是容易引起家禽应激的因子之一，会影响机体的免疫和抗氧化功能。高饲养密度（14只/m²相比10只/m²）降低了42日龄爱拔益加肉鸡的抗氧化能力（秦鑫等，2018），并且随着肉鸡饲养密度的增加，H/L比值升高（Das和Lacin，2014），表明高饲养密度会引起肉鸡的应激反应。随着饲养密度（从10只/m²，即26kg/m²增至16只/m²，即42kg/m²）的升高，会显著降低肉鸡血清IgA、IL-10

和肠黏膜 sIgA 水平，显著提高血清 IL-6、TNF-α、IL-1β 水平（饶盛达，2015），降低新城疫抗体滴度（饶盛达，2015；Mirfendereski，2015）；造成肉鸡免疫器官绝对和相对重量显著下降，免疫机能减弱（Heckert，2002；Sun，2013）。随着饲养密度从 0.01m²/只增加到 0.05m²/只，肉鸡法氏囊重和法氏囊指数显著降低，当密度超过 0.066m²/只（15 只/m²）时，机体将产生较大的应激（Heckert 等，2002）。蒋守群等（2003）研究了高温高饲养密度对黄羽肉鸡血液生化指标和免疫机能的影响，结果表明，高饲养密度（21 只/m²）显著增加了血液中 H/L 比值和肌酸激酶含量，说明随着饲养密度的增加，增加了机体的应激程度，同时使空肠黏膜 IFN-γ 含量显著增加，表明高饲养密度增加了肠道促炎症因子含量，降低肉鸡空肠黏膜免疫水平。随着肉鸡日龄的增加，高饲养密度降低了机体细胞和体液免疫机能，从而降低了机体的抗病能力。

2. 密度影响肉鸡肠道健康 肠道组织形态和肠道内细菌菌群区系对肠道营养物质的消化吸收均起到很大的作用，是评价动物健康状况的重要指标。厉秀梅（2018）研究发现，适温环境下，与中密度（12.5 只/m²）组相比，高密度（18.75 只/m²）组显著降低 35 日龄爱拔益加 AA 肉鸡肠道绒毛高度，增加隐窝深度。常双双（2018）等研究发现，饲养密度可改变 AA 肉鸡盲肠菌群多样性与结构。高饲养密度（20 只/m²相比 10 只/m²）对罗斯 308 雄性肉鸡的肠道中乳酸杆菌数量产生不利影响（Cengiz 等，2015）。此外，研究发现，饲养密度增加会导致肠道中病原体的数量增加，与 15 只/m²密度相比，饲养密度（30 只/m²）过大会增加鸡患坏死性肠炎的可能性。

3. 密度影响肉鸡腿部健康与行走能力 如果肉鸡饲养密度大，运动空间不足，容易患上腿部疾病，造成行走障碍。随着饲养密度的增加，鸡只运动空间减少，运动量受限，以及垫料质量恶化较为

快速，使得步态评分结果变差（Estevez，2007），肉鸡胫骨软骨发育不良（TD）发生率升高（Sanotra等，2001）。较高的饲养密度在造成较差的步态评分的同时也导致较严重的关节和脚垫病变。随着饲养密度的增加，显著增加了肉鸡腿部发病率、脚垫皮炎和关节灼烧的发生率（Buijs等，2009）。Sanotra（2001）研究结果显示，高饲养密度对肉鸡福利有不利影响，使恐惧反应时间增加，腿部问题增多，肉鸡的行走行为减少，并且随着日龄的增长，腿部问题的发生率显著上升，导致肉鸡沮丧和恐惧。

4. 饲养密度影响肉鸡福利　大多数研究认为当肉鸡饲养密度达到或超过 $14\sim16$ 只$/m^2$时（若按终末体重 2.5 kg/只计算，则近似等于 $35\sim40kg/m^2$）肉鸡的福利水平和健康会受到明显的负面影响。Dawkins（2004）的研究发现，高饲养密度造成肉鸡的行动减少和骚动的增加，较高的骚动频率会造成胴体划痕增多，导致福利状况和胴体品质的下降。Buijs等（2009）观察分析了 $4\sim6$ 周龄每 $3.3m^2$ 饲养 8 只、19 只、29 只、40 只、45 只、51 只、61 只和 72 只 8 种不同饲养密度肉鸡的行为，发现高密度饲养的鸡有更多的趴卧行为。在饲养的第 6 周，高密度组趴卧着的鸡更容易受到干扰，有更多的鸡调整了它们的趴卧姿势。在商业生产中，高饲养密度的肉鸡在生长的最后几周表现出较低的活动量（Aydin等，2010）。

笔者团队总结了以上四个方面的研究结果（表 2-1）。需要说明一个问题，也有不少结果与以上研究结果不一致，在此不做一一介绍。笔者认为，饲养密度并非独立的影响因素，一方面，其他环境因子也影响试验结果；另一方面，高饲养密度会使舍内温湿度、空气质量、垫料洁净度、采食饮水和运动空间等向着不利于肉鸡生长的方向变化，会对鸡只造成持续伤害。各研究结果存在差异或不同，可能与鸡舍环境控制不同、品种不同、试验设计不同等有关。

表 2-1　不同饲养密度对肉鸡健康的影响

品种	日龄	饲养密度	影响指标	参考文献
AA 肉鸡	1~42	14 只/m² 和 10 只/m²	14 只/m² 饲养密度增加肉鸡氧化应激反应	秦鑫等，2018
AA 肉鸡	22~36	6.25 只/m²、12.5 只/m² 和 18.75 只/m²（笼养）	高密度组显著升高血清皮质酮含量，肉鸡肝脏和血清中的丙二醛；降低肉鸡肝脏和血清中的谷胱甘肽过氧化物酶活性；降低肉鸡肝脏和血清低级毛高度，增加隐窝深度	厉秀梅，2018
罗斯 308	1~42	42kg/m² 和 26kg/m²（地面平养）	高饲养密度显著提高肉鸡步态评分，削弱行走能力，加重脚垫损伤	孙作为，2013
罗斯 308	1~42	15kg/m²、23kg/m²、33kg/m²、35kg/m²、41kg/m²、47kg/m² 和 56kg/m²	随着饲养密度增大，显著增加了肉鸡跗部发病率、脚垫皮炎和关节炎的发生率。高密度饲养的鸡有更多脚趾趴卧行为	Buijs 等，2009
罗斯 308	1~42	2.4 只/m²、5.8 只/m²、8.8 只/m²、12.1 只/m²、13.6 只/m²、15.5 只/m²、18.5 只/m² 和 21.8 只/m²	肉鸡随饲养密度的增加，对骨质的某些方面（胫骨曲率和剪切强度）有负面影响。高饲养密度的胫骨较短，中趾长度是唯一表现出随饲养密度增加而显著增加的性状，且波动性不对称与综合指数有随饲养密度增加的趋势	Buijs 等，2012
罗斯 308	1~42	10 只/m² 和 20 只/m²	高饲养密度对雄性肉鸡肠道中乳酸杆菌数量产生不利影响	Cengiz 等，2015
罗斯 308	1~42	0.12~0.08 m²/只	随着密度增加，鸡群被打扰的频率也在增加	Cornetto 等，2002
罗斯 308	1~42	12 只/m² 和 20 只/m²	高饲养密度提高异嗜性细胞与淋巴细胞的比值（H/L）	Das 和 Lacin，2014
罗斯 308	1~49	30kg/m²、35kg/m²、40kg/m² 和 45kg/m²	当密度超过 30kg/m² 时，肉鸡腿部皮炎显著增加有极显著的相关性生率等垫料湿度显著增加有极显著的相关性	Dozier 等，2005

（续）

品种	日龄	饲养密度	影响指标	参考文献
AA 肉鸡	22~42	10 只/m²、15 只/m²和 20 只/m²	高饲养密度可能会导致肉仔鸡免疫抑制，20 只/m²饲养密度下肉鸡法氏囊重和法氏囊指数显著降低	Heckert 等，2002
AA 肉鸡	1~42	10 只/m²、15 只/m²和 20 只/m²	在 15 只/m²和 20 只/m²饲养密度下，肉鸡栖息频率显著增加，高密度组肉鸡死亡率显著上升	Pettit 和 Estevez，2001
罗斯 308	8~42	配对试验：9 只/m²和 29 只/m²、13 只/m²、18 只/m²和 25 只/m²、17 只/m²、21 只/m²、18 只/m²和 30 只/m²、20 只/m²和 28 只/m²	高饲养密度对肉鸡福利有不利影响，应激时间增加，腿部问题的增多，并且随日龄的增加，腿部问题增多。同时，导致沮丧和恐惧，具有胫骨软骨发育不良的肉鸡具有明显较长时间的强直性静止时间	Sanotra 等，2001a
科宝 500	1~24	15 只/m²和 30 只/m²	高密度组可导致鸡感染产气荚膜梭菌数量增加	Tsiouris 等，2015
罗斯 308	1~49	8 只/m²、13 只/m²和 18 只/m²	高密度组的肉鸡有较严重的胸垫和关节病变，其胫骨也较长，对称性较差	Ventura 等，2010
罗斯 308	1~42	10 只/m²和 16 只/m²	高密度组鸡脚垫损伤显著升高，附关节损伤率及腹部羽毛损伤显著升高；造成肉鸡免疫器官绝对重量和相对重量显著下降，免疫机能减弱	Sun 等，2013
罗斯 308	4~42	22.5 只/m²、18.75 只/m²、15 只/m²、11.25 只/m²和 7.5 只/m²（雄性肉鸡）	高饲养密度显著增加了鸡舍的湿度，鸡只胸垫及关节损伤显著增加；高密度组鸡只血清中丙二醛（MDA）浓度显著升高，而谷胱甘肽过氧化物酶（GSH-Px）浓度显著降低	Simsek 等，2009

（二）群体规模与肉鸡健康

1. 群体规模影响肉鸡免疫和抗氧化机能　研究表明，白羽肉鸡 42 日龄血清过氧化氢酶、超氧化物歧化酶、丙二醛含量不受饲养密度和群体规模的影响。肉鸡机体总抗氧化能力受群体规模影响显著，相同饲养密度条件下，大群体的总抗氧化能力显著高于小群体。IL-2 受饲养密度的影响差异显著，在群体规模相同条件下，高密度组的含量显著高于低密度组；血清 IgA、IgG、IgM 受群体规模大小和饲养密度交互作用影响显著，小群体高饲养密度处理可显著降低肉鸡体液免疫水平。

2. 群体规模影响肉鸡竞争行为　小群体限制饲喂肉鸡养殖模式显示出更高水平的竞争行为，其竞争水平随着日龄的增长而增加。家禽在小群体中通过攻击行为建立了统治等级，在大群体中的大多数则采用宽容的社会策略，而少数可能是专制的、不加区别地对其他家禽进行侵略。研究认为，随着群体规模的增大，动物的攻击性行为减少（Estevez，2003）或争斗频率保持不变（Schmolke 等，2004）。有研究表明，300 只大型群体规模中鸡的攻击性要比许多小型或中型群体规模中的鸡要低（Hughes 等，1997）。

家禽在大群体中有较低的攻击性可能性表明：家禽在大规模群体中可能是有益的，但也必须考虑群体大小和饲养密度的影响与啄羽行为有关。在常规或笼内环境试验中，通常会发现，增加群体规模导致啄羽和同类相食的风险增加（Wegner，1990）。可能是因为在小群体中，家禽试图通过攻击行为形成社会等级，而在密度较高的较大群体中，家禽似乎采取了非社会性、非侵略性的行为策略，增加了社会容忍度。

3. 群体规模影响肉鸡腿部健康与行走能力　群体规模大小对肉鸡腿部健康有显著的影响。Ali 和 Uta（2019）通过对地面平养、

具有相同饲养密度（10 只/m²）。但对饲养群体规模（每组 100 只、300 只、1 000 只和 5 000 只）不同的罗斯 308 肉鸡腿部健康参数进行分析，其结果显示，肉鸡的步态评分受群体规模影响显著，与小群组和中等群组相比，大群体组（1 000 只）和超大型群体组（5 000 只）的肉鸡行走困难更严重。而肉鸡在较小群体规模中有更好的行走能力，这表明减少群体规模可能促进肉鸡的运动。许多研究也表明，任何提高肉鸡运动的措施如运动器材（Bizeray 等，2002）、较低饲养密度（Knowles 等，2008）或增加行走距离（Kaukonen 等，2017）等都会导致肉鸡行走能力的改善，有助于减少和减轻胫骨软骨发育不良损伤。与中等群体规模相比，在大群体和超大群体规模中，肉鸡有较高的腿关节灼烧发生率和严重程度。超大群体组与大群体组相比，肉鸡的胫骨软骨发育不良更为严重。这可能与肉鸡早期由于竞争饲料和饮水或者是后期饲喂器和营养缺乏造成更大的应激而引起骨骼发育异常有关。中等群体规模与非常大群体规模相比有较严重的脚垫皮炎发生率（Ali 和 Uta，2019）。

三、光环境与肉鸡健康

光环境（包括光照颜色、光照度和光照周期）通过刺激视网膜、松果体和视交叉上核，调节生物钟基因的表达及褪黑素的合成和分泌，影响动物福利、免疫功能、肠道健康和抗氧化能力等（图 2-5）。

（一）光照颜色与肉鸡健康

光照颜色调节肉鸡的免疫机能是通过影响调节松果体生物钟基因表达，调节体内褪黑激素（Melatonin，MEL）的分泌而发挥作

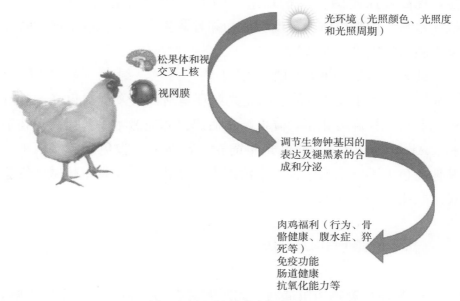

图 2-5　光环境与肉鸡健康示意

用的。光照颜色影响肉鸡免疫和福利。研究发现，18d 时红色和黄色光照增强 T 淋巴细胞增殖，23d 时蓝色和黄色光照增强 T 淋巴细胞增殖，但 30d 时蓝色光不利于肉鸡 T 淋巴细胞增殖，37d 时白色光照增强 T 淋巴细胞增殖（Sadrzadeh 等，2011）。盲肠扁桃体是禽类最大的肠相关性淋巴组织，T 淋巴细胞和 B 淋巴细胞产生于盲肠扁桃体的生发中心，其中 T 淋巴细胞占多数，并且与机体免疫过程有密切联系。绿色光照可以通过提高 MEL 释放，增强抗体抗氧化能力和免疫功能，调节幼小盲肠扁桃体发育（Li 等，2014）。

应激反应也是机体免疫反应的重要组成部分。利用单色蓝光可以减缓肉鸡热应激作用，提高其在热应激状态下的生产性能（Abdo 等，2017）。有研究表明，绿色、蓝色、红色、白色四种 LED 灯为光源，光照度为 15lx 时，在肉鸡饲养前期采用绿光（560nm），后期换成蓝光（660nm）照明，可以改善肉鸡的生产性能，提高皮肤嗜碱性过敏反应（CBH）和牛血清白蛋白（BSA）抗体水平，增强机体的免疫功能，并且蓝光在一定程度上能缓解免疫应激（谢电等，2007）。

此外，在肉鸡孵化期使用红色、白色、绿色三种 LED 灯（250lx）作为处理，与传统的无光照环境对比，发现白色光照和红色光照可以提高孵化率，降低孵出后恐惧和应激水平，提高动物福利（Archer，2017）。红色光照饲养下，肉鸡细胞免疫应答水平与其他光色下不同，血浆褪黑素浓度发生变化，皮肤发生嗜碱性细胞过敏（张学松，2002）。

（二）光照度与肉鸡健康

1. 光照度影响肉鸡福利　光照度对肉鸡福利会产生重要影响，如眼睛发育、昼夜节律等。光照度小于 1lx 会导致肉鸡溃疡性足垫炎，并导致肉鸡眼睛形状改变，直径变大、质量变大，从而影响肉鸡福利；同时 11x 光照度下，鸡翅占体重的比例最大（Deep 等，2010）。研究发现，持续长时间的、较低的光照度（低于 5lx），导致眼睛形态学的结构发生变化，引发视网膜病变、眼球内陷、近视、青光眼和失明等问题（Buyse 等，1996；Olanrewaju 等，2006）。相比于 50lx 和 200lx 光照度，5lx 光照度环境下饲养的肉鸡眼球重量更大，但眼球的横径和前后径没有差异；随着光期到暗期光照度对比增加（50～200lx），肉鸡表现出更明显的昼夜节律，在光照期间花更长时间活动，在黑暗期间休息更长时间（Alvino 等，2009）。但相关研究表明，将肉鸡饲养在 0.1lx 暗期和 1lx 光期与光期为 10lx、20lx 和 40lx 对比，在行为和褪黑激素分泌上有相似的节律，1lx 光照度时，肉鸡休息更多，觅食减少（Deep，2012）。

2. 光照度影响肉鸡免疫　与高光照度相比，低光照度（1lx）

提高肉鸡的免疫力，改善肉鸡健康（马淑梅，2016）。肌酸激酶（Creatine kinase，CK）主要存在于细胞质和线粒体中，是一个与细胞内能量转运、肌肉收缩、ATP 再生有直接关系的重要激酶。肌酸激酶活性测定可以用于骨骼肌疾病及心肌疾病的诊断。研究表明，连续高光照度会导致血浆高水平的 CK，而间歇性低光照度显著降低 CK（Zhao 等，2019）。免疫球蛋白由 B 淋巴细胞产生，机体受到刺激后，与抗原结合发生免疫反应，生成抗原抗体复合物，通过测定血清免疫球蛋白可以衡量机体体液免疫功能。相比于持续光照，12 L：12 D 光照制度提高血浆 IgG 水平（Guo 等，2010），间歇性光照制度（1L：3D）降低肉鸡血浆 T3 水平和死亡率（Hassanzadeh 等，2003）。

血清皮质醇是家禽体内一种重要的应激激素，是衡量机体应激反应强弱的指标之一。有研究表明，使用间歇性光照制度时，低光照度可以降低血清皮质酮和热休克蛋白 70（HSP70）浓度，提高肉鸡血清 IgM 水平（Zhao 等，2019）。不同光照度处理岭南黄羽肉鸡（1lx、5lx、20lx、80lx）时，1lx 光照度下肉鸡的 T 淋巴细胞阳性率显著高于 80lx 光照度组，新城疫效价显著高于 20lx 和 80lx 组，结果提示低光照度更适合岭南肉鸡生长（马淑梅，2016）。

总体来看，相对于高光照度，低光照度组可以减缓应激，提高肉鸡免疫水平和抗病力，降低经济损失。

（三）光照周期与肉鸡健康

1. 光照周期影响肉鸡福利　目前普遍认为连续性光照应激大，容易出现肺动脉高压（PHS，又称腹水综合征）、腿病、猝死综合征（SDS）等疾病。大量研究表明，间歇性光照制度可以有效缓解这些问题。如光照周期上，12L：12D 相对于 24d 处理下肉鸡腿部畸形以及难以站立情况较少（Huth 等，2015）。间歇性光照制度可以降低腿病发生率（van der Pol 等，2017），但相对于连续性光照制度，并不能改善生产性能。此外，光照制度管理与肉鸡腹水症的发生率关系很大，一般来说肉鸡腹水症的发生是由于机体缺氧或者氧气供给失衡引起，造成心肺机能异常、腹腔积液等情况，代谢过强会促使腹水症的发生。间歇光照可降低肉鸡早期生长速度，肉鸡在每个明暗交替的暗期，产热量显著降低，耗氧量也相应减少。间歇光照和渐增光照程序显著降低肉仔鸡腹水综合征死亡率（Hassanzadeh 等，2003）。

2. 光照周期影响肉鸡免疫机能 光照周期也会影响肉鸡的免疫系统。恒定光照或 12L：12D 方案下（光照度为 40～45lx），恒定光照使鸡抗 SRBC 抗体效价明显降低，免疫反应受到损害（Kirby 等，1991）。短光照和间歇光照制度增加脾脏重及淋巴细胞增殖率（Yadav 等，2013）。与持续光照相比较，间接光照制度可以显著提高抗体效价（Onbaslar 等，2007）。研究发现，先减后增的变程光照制度显著提高肉鸡出栏重和饲料转化效率，增强肉鸡免疫应答，降低肉鸡腹水综合征的发生率，且这种光照制度对鸡舍封闭性要求较低，可在较简易的养殖场推广（李亚峰，2004）。

马丹丹和张敏红总结了光照周期对肉鸡福利与健康的影响（表 2-2）。

表 2-2 光照周期对肉鸡福利与健康的影响

光照周期	品种	日龄	影响	参考文献
1. 23L：1D 2. 20L：4D（12L：2D：8L：2D） 3. 16L：8D（12L：3D：2L：3D：2L：2D） 4. 12L：12D（9L：3D：1L：3D：1L：3D：1L：3D）	AA 肉鸡	1～42d	间歇光照降低肌肉 MDA 含量，提高肌肉蛋白质含量，改善肉品质	李文斌，2010

（续）

光照周期	品种	日龄	影响	参考文献
1.23L：1D 2.16L：8D 3.16L＋2L：6D 4.光照随日龄先减少后增加（变程光照）	AA 肉鸡	1～42d	连续光照组增加腿病率、料重比和死亡率	石雷等，2017
1.23L：1D 2.16L：8D 3.12L：3D：2L：3D：2L：2D 4.模拟自然光照	黄羽肉鸡	1～63d	相比于其他三组，自然光照组有提高免疫功能作用	郭艳丽等，2015
1.24L：0D 2.22L：2D（间歇光照） 3.20L：4D（间歇光照）	AA 肉鸡	1～42d	22L：2D和20L：4D 的间歇光照制度对肉鸡的免疫功能有一定的促进作用	段龙等，2010
1. 长光照组（18L：6D） 2. 对照组（12L：12D） 3. 短光照组（6L：18D）	鸡（品种不详）	7～35d	相比于对照组，长光照组褪黑素降低，段光照组褪黑素升高	张有聪等，2006
1.7～30d（24L：0D）；30d 后恢复为连续光照 2.7～30d（22L：2D 间歇光照）；30d 后恢复为连续光照 3.7～30d（20L：4D 间歇光照）；30d 后恢复为连续光照	AA 肉鸡	7～42d	间歇光照能够提高肉鸡的抗氧化酶活性和降低自由基浓度	段龙等，2011
1. 连续光照（24L：0D） 2. 间歇光照（1L：3D）	罗斯肉鸡	1～42d	间歇光照降低了饲料增益比，提高了免疫反应	E E Onbasilar 等，2007
1.23L：1D 2.20L：4D（12L：2D：8L：2D） 3.16L：8D（12L：3D：2L：3D：2L：2D） 4.12L：12D（9L：3D：1L：3D：1L：3D：1L：3D）	AA 肉鸡	1～42d	12L：12D 的光照制度可以提高肉鸡的抗氧化功能和免疫功能	Y L Guo 等，2010

（续）

光照周期	品种	日龄	影响	参考文献
1. 连续光照（23L：1D） 2. 间歇光照（1L：3D） 3. 递增光周期（4～14d，6L：18D；15～21d，10L：14D；22～28d，14L：10D；29～35d，18L：6D；36～41d，23L：1D）	罗斯肉鸡	4～42d	与连续光照相比，其他两组肉鸡右心室衰竭和腹水症减少，这可能归因于其采食量暂时减少	M Hassanzadeh等，2003
1. 短光照组（8L：16D） 2. 对照组（12.5L：11.5D） 3. 长光照组（16L：8D）	AA肉鸡	20～25周龄	相比于短光照组和长光照组，对照组的碳水化合物代谢增强	Jun Wang等，2018

四、气体环境与肉鸡健康

（一）氨气与肉鸡健康

鸡对氨气的敏感性高，氨气强烈刺激肉鸡的眼睛，诱发眼部疾病导致其觅食困难，影响鸡群生长性能以及代谢机能；氨气从呼吸道进入肺泡诱导多种呼吸道疾病的发生，经肺泡进入血液危害机体免疫系统；进入大脑，引起大脑缺氧，抑制采食中枢，降低采食量，甚至出现神经症状；进入肝，严重可致肝脏疲劳及衰竭，增生肥大；进入肠，使肠绒毛变短或缺失，隐窝加深，造成菌群紊乱等。此外，氨气易附于肉鸡的呼吸道以及消化道黏膜上，减弱肉鸡对细菌以及病毒等有害物的抵抗能力。氨气影响肉鸡健康的途径和危害见图 2-6。

1. 氨气影响肉鸡免疫　过高氨气浓度降低动物机体的免疫功能。有研究报道，氨气浓度达到 11.4mg/m³ 时明显降低动物的抵抗力（Jones 等，2004）。4～8 周龄肉鸡接触 19～38mg/m³ 氨气，法氏囊指数减少（Kling，1974）。氨气影响肉鸡腹腔巨噬细胞、淋

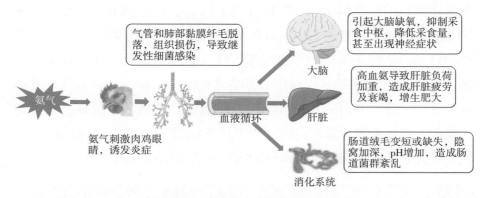

图 2-6 氨气影响肉鸡健康的途径

巴细胞、热应激蛋白和 NO 的产生（Parfenyuk 等，2010）。氨气应激影响血液中细胞因子的含量，损害肉鸡的免疫功能（魏凤仙等，2013）。Wang 等（2010）测定氨气（0、9.88mg/m³、19.76mg/m³ 和 39.52mg/m³）对 0～3 周龄 AA 肉鸡免疫反应的影响，发现氨气降低免疫器官指数，免疫器官重量随着氨气浓度的升高而降低；19.76mg/m³ 和 39.52mg/m³ 处理条件下，新城疫（NDV）抗体滴度显著降低。Xiong 等（2016）研究报道，氨气浓度为 57mg/m³ 会显著升高肉鸡血清中免疫应答促炎因子 IL-1β 和 IL-6 的含量，提示炎症反应的发生。An 等（2019）研究报道，暴露于高氨气浓度（1～3周，20mg/m³；4～6周，45mg/m³）导致 AA 肉鸡脾脏炎症损伤。

2. 氨气影响肉鸡呼吸系统 氨气主要引起肉鸡气囊炎、气管炎和肺炎。Swain 等（1996）研究报道，暴露于高浓度的氨气，肉鸡呼吸道细胞脱落，杯状细胞肥厚，上皮增生。张西雷等（2006）研究报道，0.77 g/m³ 氨气导致肉鸡气管上皮细胞脱落坏死和出血，肺脏明显出血和淤血。Beker 等（2004）研究报道，在 0～45.6mg/m³ 氨气浓度下，气管损伤和肺部损伤的程度随着氨气浓度的升高而增加。熊媚等（2016）研究报道，57mg/m³ 高氨气浓度刺激下可能导致气管的免疫应答功能失调，促进气管收缩，导致气管黏膜上皮增生、炎性细胞浸润及纤毛脱落现象。Liu 等（2020）研究发现氨暴露显著增加肉鸡肺组织变形杆菌门和大肠杆菌的比例，激活 NLRP3 炎症体，增加 IL-1β 的含量，导致肺组织炎症发生。Zhou 等（2020）等研究不同浓度氨暴露（0、11.38mg/m³、18.98mg/m³、26.56mg/m³）对肉鸡气管损伤的影响时发现，11.38mg/m³氨气浓度即显著升高气管中 IL-1β、IL-6 和 IL-10 的含量，造成气管炎症。笔者团队发现不同梯度氨暴露对肉鸡呼吸系统影响时发现，从11.38mg/m³氨气浓度开始即破坏肉鸡气管和肺的组织形态学结构（图2-7）。

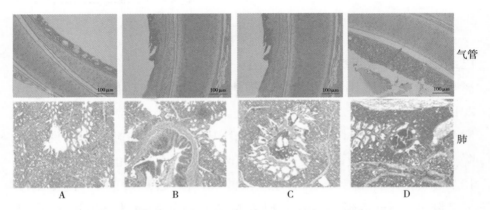

图 2-7 不同氨气浓度对肉鸡气管组织形态结构的影响
A. 氨气浓度 0mg/m³   B. 氨气浓度 11.38mg/m³
C. 氨气浓度 18.97mg/m³   D. 氨气浓度 26.56mg/m³

3. 氨气影响肉鸡福利 肉鸡持续暴露在 11.38mg/m³氨气浓度环境中，表现出不舒适的行为，如摇头和甩头（柳青秀，2021）。李东卫等（2012）研究报道，氨气浓度 38mg/m³ 显著降低 AA 肉鸡的趴卧持续时间，氨气浓度 60.8mg/m³ 极显著降低肉鸡趴卧持续时间。孟丽辉等（2016）研究报道，随着氨气浓度（0、19mg/m³、38mg/m³ 和 57mg/m³）的升高显著影响了肉鸡的脚垫评分、跗关节评分及步态评分，随着舍内氨气浓度的升高，加大了肉鸡羽毛污损、脚垫感染以及跛行等状况的发生率及严重程度。19mg/m³浓度的氨气显著降低蛋鸡觅食、休息以及整理羽毛的行为频率（Kristensen 等，2000）。Wathes 等研究报道，舍内氨气超过

$38mg/m^3$ 导致肉鸡跛行明显，加剧跗关节或脚垫处的皮肤损伤及炎症，福利水平降低（Wathes，1998）。王忠等（2008）研究报道，氨气浓度低于 $30.4mg/m^3$ 不会导致肉鸡腹水征的发生，而 $60.8mg/m^3$ 的氨气浓度会诱发腹水征。

高氨气浓度导致肉鸡的眼睛角膜炎和结膜炎发病率增加。Olanrewaju 等（2007）报道，暴露于氨气浓度 $19mg/m^3$ 和 $38mg/m^3$ 7d 后引起肉鸡眼睛发炎，这种眼睛发炎的症状会随着氨气应激的终止而迅速消失。当鸡舍内氨气浓度达到 $19mg/m^3$ 时，鸡的气囊炎发病率增加；当达到 $38mg/m^3$ 时，鸡的眼睛角膜炎和结膜炎发病率增加（Estevez，2002）。Miles 等（2006）研究不同氨气浓度（0、$19mg/m^3$、$38mg/m^3$ 或 $57mg/m^3$）对肉鸡眼部的影响，发现暴露于浓度较低的氨气（$19mg/m^3$）中，其眼部异常（角膜损伤程度）的速度比暴露于较高氨气浓度（$38mg/m^3$ 和 $57mg/m^3$）中要慢，而且后者的损伤更严重。

（二）二氧化碳与肉鸡健康

1. 二氧化碳影响肉鸡生理　二氧化碳本身无毒，但是高浓度二氧化碳导致空气中氧气含量降低，二氧化碳与氧气竞争同血红蛋白结合导致缺氧，造成脑内三磷腺苷迅速耗竭，导致中枢神经系统失去能量供应，钠泵运转失灵，Na^+、H^+ 进入细胞内，使膜内渗透压升高，形成脑水肿。反过来，二氧化碳导致红细胞生成增加，导致血液流动阻力增加，心脏右心室增大，导致死亡。此外，已有文献报道腹水综合征与高、低二氧化碳分压有关，静脉血中 pO_2 反过来影响肺通气量。过量的二氧化碳还会危害肺脏和心血管系统。有研究表明，大气中二氧化碳浓度上升能够导致细胞氧化，从而造成脱氧核糖核酸的病变和基因突变频率的上升（Ezraty 等，2011）。

Olanrewaju 等（2008）研究报道，$687.4mg/m^3$、$5\ 892mg/m^3$、

11 784mg/m³、17 676mg/m³浓度的二氧化碳对1～14d肉鸡二氧化碳分压、氧分压、血液 pH、血红蛋白和血液离子（Na^+、K^+、Ca^{2+} 和 Cl^-）等血液参数均没有显著影响，但随着二氧化碳浓度增加到 17 676mg/m³，增加了 42 d 肉鸡心脏及右心室的重量。戴荣国等（2009）研究发现，舍内二氧化碳浓度 0.12% 及以下（0.03%、0.05%、0.08%）对 21～42d 肉鸡的血液生理生化指标均无显著差异。陈春林等（2009）研究显示，当二氧化碳浓度达到 12 000mg/m³时，肉鸡血液中红细胞数量显著降低，不利于肉鸡的健康生长。

2. 二氧化碳影响肉鸡行为　当吸入气中二氧化碳含量超过 7% 时，肺通气量不能作相应增加，导致肺泡气、动脉血二氧化碳分压陡升，二氧化碳堆积，使中枢神经系统的活动受抑制而出现呼吸困难。摇头是一种对二氧化碳和呼吸窘迫的厌恶反应，或是一种警觉反应，或试图恢复意识清醒状态。此外，二氧化碳似乎具有刺激摇头的作用（Gerritzen 等，2000），并且具有剂量依赖性（McKeegan 等，2005）。Raj 和 Gregory（1991）观察到，雌鸡感知到环境中二氧化碳的增加或氧气的减少，如果让雌鸡自由选择，它们会回避二氧化碳增加的空间。

3. 二氧化碳影响肉鸡免疫　二氧化碳作为衡量鸡舍中臭气含量的主要指标之一，是由家禽呼吸及碳水化合物有氧分解产生的，表示空气的污染程度的间接指标，本身为无色无臭略带酸味的气体，大气中二氧化碳的浓度对畜禽并没有影响，但由于鸡的呼吸排出量大于其他家畜，如果鸡舍通风不良，二氧化碳浓度过高，持续时间过长会造成缺氧，引起慢性中毒，鸡只表现为精神萎靡、食欲减退、体质下降、对疾病的抵抗力减弱，这将大大影响鸡的健康，降低养殖效益。陈春林等（2009）研究报道，3 000～15 000mg/m³浓度的二氧化碳对艾维茵肉鸡血清免疫球蛋白 IgA、IgM、IgG 含量均没有显著影响，但是当二氧化碳浓度达到 12 000mg/m³时，免疫球蛋白呈下降趋势，血红蛋白及白细胞数量显著增加，说明受试鸡正处于一种应激状态，不利于肉鸡的健康。戴荣国等（2009）将21日龄艾维茵肉鸡处于不同浓度的二氧化碳环境中，发现舍内二氧化碳浓度在 9 820mg/m³ 和 15 712mg/m³ 时，血液 IgA、IgG、IgM 无显著变化，超过 12μg/L 时，IgA、IgG、IgM 呈下降趋势，鸡只呈典型的慢性呼吸性酸中毒，组织切片显示肺泡管扩大，肺泡内充满大量蛋白浆液，有炎性细胞和脱落的上皮细胞，静脉血管严重淤血，显著影响肉鸡健康。

（三）硫化氢与肉鸡健康

1. 硫化氢影响肉鸡免疫　硫化氢影响肉鸡的免疫性能。孟庆平（2009）的研究表明，在生长前期，高浓度硫化氢（12.16mg/m³）显著降低了肉仔鸡血清中 IgG 水平。在生长后期，高浓度硫化氢（18.24mg/m³）显著降低了肉鸡血清 BSA 抗体水平和血清 IgA、IgG、IgM 水平以及外周血淋巴细胞转化率和自然杀伤细胞（NK）活性。组织切片表明，随硫化氢浓度升高，气管黏膜黏液分泌增多，纤毛受损率增加，肺泡破裂度增加。Hu 等（2018）对血清 NDV 抗体滴度与免疫球蛋白 mRNA 水平进行评估，研究发现注射疫苗后第 28 天和第 35 天，H_2S 处理组的抗体滴度明显降低，但第 42 天的抗体效价无明显差异；与对照组相比，H_2S 处理组 IgA、IgM 和 IgG 的 mRNA 水平显著下降。

2. 硫化氢影响肉鸡氧化和凋亡　暴露于硫化氢气体可引起肉鸡机体发生氧化应激，能量代谢功能障碍，诱导细胞凋亡，诱发炎症反应。王爽（2019）选用 1 日龄罗斯 308 肉鸡，将肉鸡随机分为两组，分别为对照组和试验组，对照组硫化氢浓度控制在 0.5 mg/m³ 以下；试验组肉鸡硫化氢浓度在 0～3 周龄时控制在（4±0.5）mg/m³ 范围内，4～6 周龄时控制在（20±0.5）mg/m³ 范围

内。试验结果显示，硫化氢气体暴露可导致肉鸡心肌组织发生氧化应激，诱导炎症发生，同时破坏线粒体动力学平衡，造成线粒体结构和功能障碍，进而诱导细胞凋亡。Chi 等（2018）将 14d 罗斯 308 雄性肉鸡暴露于 $45.6mg/m^3$ 硫化氢水平下，暴露 14d 后，发现硫化氢会诱发炎症反应，氧化应激和能量代谢功能障碍。Hu 等（2018）研究报道，硫化氢显著降低了抗氧化酶的活性，诱导了氧化应激，这是诱导细胞凋亡的重要因素。Zheng 等（2019）研究表明，硫化氢引起氧化还原稳态紊乱，进而引起肉鸡空肠炎症反应，免疫功能低下和细胞凋亡，从而导致空肠组织损伤。

第二节　饲养环境与肉鸡生产性能

肉鸡生产性能主要包括生长发育和胴体品质两方面。生长发育包括体重、增重、采食量和饲料转化效率。胴体品质包括屠宰率、屠宰等级、胸肌率、腿肌率、腹脂率、胴体缺陷和肉品质等。

饲养环境变化作为刺激会引起肉鸡的适应性反应，试图保持体内稳态及其与环境之间的平衡。但若环境刺激强度大，持续时间长，超出机体调节能力，就会引起生产性能下降，如采食量减少、增重下降和胴体品质下降。

一、热环境与肉鸡生产性能

（一）温度与肉鸡生产性能

1. 温度影响肉鸡生长　温度过高或过低都影响肉鸡生长。Ipek（2006）研究发现，在 1～7d 阶段，环境温度由 33.3℃降低到 29℃，肉鸡体重、日增重显著降低，采食量、料重比显著增加；在 14～21d 阶段，环境温度由 27.5℃降低到 23.1℃，同样显著影响肉鸡的生长性能。Gu（2008）得出结论：在 21～28d 阶段，环境温度由 22℃降低到 15℃或升高到 33℃均显著影响肉鸡的日增重和饲料转化效率。在 28～35d 阶段，环境温度由 22℃降低到 15℃仅显著降低肉鸡的日增重，但不影响饲料转化效率，升高到 33℃则显著影响肉鸡的日增重和饲料转化效率，表明随肉鸡日龄增加，对低温的耐受增强。同样在 28～35d 阶段，甄龙等（2015）发现，环境温度由 21℃升高到 26℃就显著降低肉鸡的日增重和采食量。在 36～42d 阶段，苏红光（2014）发现环境温度由 22℃降低到 18℃不影响肉鸡的生产性能，降低到 14℃则显著降低日增重，升高料重比；由 22℃升高到 26℃显著降低采食量、日增重（图 2-8）。上述研究均采用持续高温的模式，而在实际生产条件下一般是日循环温度。与持续高温相比，循环高温对肉鸡的影响可能略低。

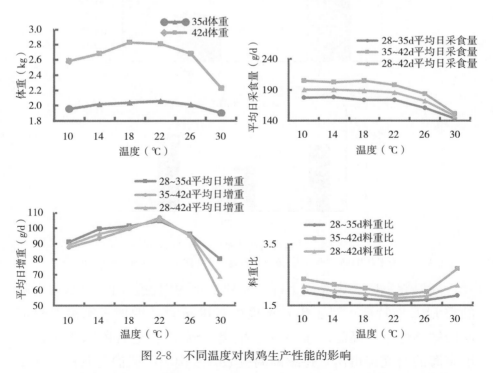

图 2-8　不同温度对肉鸡生产性能的影响

2. 温度影响肉鸡胴体品质　笔者所在团队厉秀梅和张敏红

（2017）研究得出：环境高温降低肌肉中类胰岛素生长因子-1（IGF-1）和肌分化因子（MYoD）的表达，减少骨骼肌氮沉积，降低胫骨生长板甲状旁腺素相关蛋白（PTHrP）表达，使胫骨变短；热应激降低 IGF-1 和雷帕霉素靶蛋白（mTOR）mRNA 表达，通过下调 IGF-1-Akt-mTOR 途径，导致肌肉蛋白质合成减少，胸肌产量和质量下降；同时也发现高温会提高肌肉生成抑制素（MSTN）、Smad3 和叉头状转录因子 4（FOXO4）的 mRNA 表达，增加肌肉环指蛋白 1（MuRF1）和肌肉萎缩 F 盒蛋白（MAFbx）mRNA 表达，增加蛋白分解，进而影响肉鸡肌肉生长（图 2-9）。

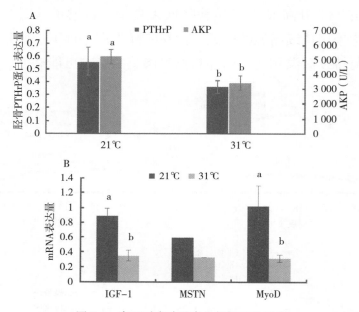

图 2-9　高温对肉鸡肌肉生长因子的影响
A. 不同温度对肉鸡胫骨相关生长因子的影响　B. 不同温度对胸肌生长因子的影响

高温导致肉鸡肉品质下降，主要表现为肉色苍白、持水力下降的类 PSE 肉特征。对于生长速度的过度选育，增加了家禽对热应激的敏感性，在高温环境下易产生类 PSE 肉。笔者团队李绍钰和冯京海的研究都得出，持续高温应激导致肉鸡胸肌肉色苍白、滴水损失增加、剪切力值升高。

（二）湿度与肉鸡生产性能

1. 湿度影响肉鸡生长　在适温下，与 60％相对湿度相比，35％相对湿度降低 1～3 周龄 AA 肉鸡的日增重，升高料重比，85％相对湿度组无显著差异（孙永波，2017）。

在高温环境下，湿度过高或过低都会加重热应激对肉鸡生长的影响。Adams（1968）研究发现，环境温度 29℃时，高湿（80％相比 40％）显著降低 4～8 周龄肉鸡的采食量和日增重。Winn（1967）发现，32℃环境下高湿（90％相比 40％）降低了 3～5 周龄肉鸡的日增重。同样研究 3 个干球温度 15℃、21℃、27℃和 3 个相对湿度 50％、65％、80％［温湿指数（THI）为 14.8～26.9℃］对 49～63d 肉鸡的影响，发现当 THI 指数超过 20.7℃（干球温度为 21℃、相对湿度为 80％）时，肉鸡的日增重、采食量和饲料转化效率均下降。Charles（1986）研究发现，27℃时高湿降低 4～8 周龄肉鸡采食量，使肉鸡生长缓慢。顾宪红（1998）研究了高温环境（32℃）下不同湿度对肉鸡的影响，发现 90％相对湿度组肉鸡的日增重、采食量和饲料转化效率均显著低于 60％相对湿度和 30％相对湿度组；而 60％相对湿度组和 30％相对湿度组之间，肉鸡生长性能没有显著差异，表明在高温环境下，高湿的影响比低湿更加显著。

2. 湿度影响肉鸡肉品质　肉品质不仅受到遗传背景和营养水平的影响，还受到温度、湿度等环境因素的影响。肌肉 pH、肉色与滴水损失、嫩度等是评价肉质的常用指标。环境相对湿度较高，会增加垫料含水量并增加氨气浓度，加剧对动物生长和胴体品质的负面影响。Wei 等（2013）研究报道，与 60％相对湿度相比，85％相对湿度显著提高 3～6 周龄肉鸡宰后 45min 亮度（L*）值，显著降低了肉鸡胸肌率和宰后 45min 黄度（b*）值；35％和 85％

相对湿度均显著提高胸肌存放 5d、7d 时硫代巴比妥酸含量，显著降低胸肌谷胱甘肽过氧化物酶活性。魏凤仙等（2012）报道，35％低湿度显著增加3～6周龄肉鸡胸肌的剪切力。孙永波（2017）研究得出，与 60％相对湿度相比，85％相对湿度显著降低 42 日龄肉鸡的屠宰率，显著提高 21 日龄肉鸡胸肌的蒸煮损失，降低 21 日龄肉鸡胸肌的剪切力，35％相对湿度显著提高肉鸡胸肌的黄度（b*）值。

二、群体环境与肉鸡生产性能

（一）密度与肉鸡生产性能

1. 饲养密度影响肉鸡生长　普遍的研究认为，饲养密度过高可导致肉鸡平均日增重（ADG）、平均日采食量（ADFI）和饲料转化效率（FCR）下降，对其生产性能产生不利影响。当每只鸡占有空间低于 0.066～0.062 5 m² 容易导致肉鸡平均日增重和平均日采食量下降（Sørensen 等，2000）；随着饲养密度由 10 只/m² 增加至 50 只/m²，肉鸡出栏体重显著下降，当密度高于 30 只/m² 时，这种下降趋势极为明显（Shanawany，1988）。与正常饲养密度（12 只/m²）相比，高饲养密度（20 只/m²）会显著降低肉鸡体重，降低饲料转化效率（Das 和 Lacin，2014）。在夏季，饲养密度为 18 只/m² 的鸡群猝死综合征死亡率和总死亡率显著高于 12 只/m² 和 15 只/m² 两种饲养密度的鸡群。在冬季，饲养密度为 18 只/m² 的鸡群猝死综合征死亡率则明显高于 12 只/m² 的鸡群，但三种饲养密度鸡群的总死亡率并没有明显的不同（Imaeda，2000）。笔者团队魏凤仙等（2019 年）研究了不同饲养密度（9～21 只/m²）对肉鸡生产性能的影响（表 2-3），得出：在 35d 和 42d，高饲养密度（18 只/m²、21 只/m²）显著降低了肉鸡出栏体重和平均日增重，升高了料重比（F/G），影响了肉鸡的生长性能。

表 2-3　饲养密度对 21~42d 肉鸡生产性能的影响

饲养阶段	项目	饲养密度（只/m²）				
		9	12	15	18	21
22~28d	平均日采食量（g/d）	121.57±11.47	121.71±7.61	121.14±8.94	121.71±9.75	121.86±10.22
	平均日增重（g/d）	70.14±3.24	70.86±4.78	69.86±6.72	69.86±5.39	69.71±6.11
	料重比	1.73±0.03	1.72±0.02	1.73±0.03	1.74±0.01	1.75±0.02
	体重（g/只）	1 289±21.27	1 292±22.73	1 284±19.84	1 286±21.19	1 284±23.17
22~35d	平均日采食量（g/d）	150.50±12.17	151.21±13.46	149.21±12.43	148.64±14.63	149.57±11.24
	平均日增重（g/d）	84.71±5.29	85.50±6.73	84.21±4.85	83.64±7.94	83.29±8.23
	料重比	1.78±0.01[b]	1.77±0.02[b]	1.77±0.01[b]	1.78±0.01[b]	1.80±0.01[a]
	体重（g/只）	1 984±23.24[a]	1 993±21.23[a]	1 974±32.34[b]	1 968±36.89[bc]	1 962±34.15[c]
22~42d	平均日采食量（g/d）	166.48±13.22	165.52±14.31	164.43±12.47	164.81±11.74	163.38±15.81
	平均日增重（g/d）	86.71±4.74[a]	84.86±4.33[a]	84.33±5.32[a]	79.95±6.17[b]	79.29±5.37[b]
	料重比	1.92±0.02[b]	1.95±0.01[b]	1.95±0.02[b]	2.06±0.01[a]	2.06±0.01[a]
	体重（g/只）	2 619±74.32[a]	2 578±63.97[a]	2 566±71.35[a]	2 476±88.87[b]	2 461±79.56[b]

饲养密度对肉鸡生产性能的影响也有一些与以上不同的研究报道。Thomas（2004）没有发现 5 只/m²、10 只/m²、15 只/m²、20 只/m² 四种饲养密度对 35 日龄肉鸡生产性能和料重比的影响；Estevez（2007）推荐饲养密度标准可以达到 18 只/m²，不会影响肉鸡最终出栏体重。

以上不同研究结果之间存在较大的分歧，可能是由于各实验肉鸡品种、饲养密度的设计、禽舍内环境控制条件及管理水平不同造成的。如果在高密度饲养条件下，通风得到改善可能有助于缓解高饲养密度对肉鸡的不利影响。

2. 饲养密度影响肉鸡胴体品质　孙作为等（2013）研究发现，16 只/m² 饲养密度（与 10 只/m² 密度相比）显著降低肉鸡的胸肌率。范庆红等（2017）研究发现，与低饲养密度（26 kg/m²）处理相比，高饲养密度（42 kg/m²）极显著降低了 35 日龄罗斯 308 肉鸡的胸肌率。Das 和 Lacin（2014）研究发现，20 只/m² 饲养密度（与 10 只/m² 密度相比）显著降低了 42 日龄雄性罗斯 308 肉鸡的胸肌相对重量，极显著降低了大腿重量。然而，饲养密度对胸肌影响的研究结果也并不是完全相同。Feddes（2002）等研究发现，饲养密度（23.8 只/m²、17.9 只/m²、14.3 只/m² 和 11.9 只/m²）对 42 日龄肉鸡胸肌率和腿肌率并没有显著影响。与正常饲养密度（12 只/m²）相比，高饲养密度（20 只/m²）会显著降低肉鸡肉品质（Das 和 Lacin，2014）。

（二）群体规模与肉鸡生产性能

关于群体规模对肉鸡生产性能的影响研究不多，研究显示，地面平养模式下，当饲养密度为 17 只/m² 时，随着群体规模由 1 020 只/群增至 4 590 只/群，在肉鸡 39 日龄屠宰时的个体重显著下降（Martrenchar 等，2000）。饲养密度为 10 只/m²，肉鸡群体规模分别为 100 只、300 只、1 000 和 5 000 只时，不同群体规模 38 日龄肉鸡的死亡率无显著差异（Ali 和 Uta，2019）。

笔者团队魏凤仙等开展的相关研究表明，舍饲笼养条件下，饲养密度为 14 只/m^2，肉鸡饲养群体规模分别为 7 只、14 只、21 只、28 只和 35 只时，AA 肉鸡 42 日龄的日增重和饲料转化效率无显著差异。舍饲笼养，2×2 因子设计，饲养密度 14 只/m^2 和 18 只/m^2 及笼具尺寸为 0.49m^2 和 1.96m^2 条件，即群体规模分别为 7 只、9 只、28 只和 36 只，研究结果显示，42 日龄肉鸡成活率受群体大小影响显著，且小群体处理下成活率显著高于大群体；肉鸡平均日增重和平均日采食量受饲养密度和群体大小交互作用影响显著，大群体规模（36 只）、高饲养密度（18 只/m^2）处理组肉鸡的平均日增重和平均日采食量显著高于其他组。

三、光环境与肉鸡生产性能

（一）光照颜色与肉鸡生产性能

1. 孵化期光照颜色影响肉鸡生产性能 孵化过程中的环境因素，如温度、湿度、光照、二氧化碳水平、声音等，都会影响雏鸡的孵化率和孵化质量。孵化过程中的光刺激可促进孵化后肉鸡生长发育、改善料重比、降低应激反应。在孵化期全程使用绿色光照，显著增加鸡胚重，促进孵化后肉鸡的生长，增强出栏肉鸡体重，提高饲料转化效率，增加出栏肉鸡胸肌率，但对胸肌肉质特征无显著影响（Zhang 等，2012；Zhang 等，2016）。绿色光照可以促进肉鸡胸肌卫星细胞增殖分化，显著增加卫星细胞数量，促进肌肉生长发育（Dishon 等，2017）。560 nm 绿光和 480 nm 蓝光可以促进肉鸡生长发育，提高胸肌重（Stoianov 等，1978）。孵化期间红色光

照和白色光照组合照明，可以提高肉鸡孵化率和品质，相对于白色光照和 660 nm 红色光照，在前 3d 绿色光照显著提高生长速率（Archer 等，2017）。然而，在鸡胚孵化期间使用 LED 灯采取间歇性单色绿色光照，导致生长轴相关激素上调以及血浆催乳素水平上调，但对鸡胚重、胸肌重、肝脏重无显著影响（Dishon 等，2017）。

在孵化期，发现绿光可以显著促进胚胎后期及出壳后雏鸡骨骼肌生长和肌纤维发育，有效提高骨骼肌卫星细胞的增殖活性，促进肌纤维的损伤修复（Bai 等，2019）；并显著提高生长期肉仔鸡胰岛素样生长因子水平和血浆生长激素水平，刺激蛋白质沉积、骨长度增加和限制脂肪沉积，同时对家禽的多种生长性状有显著影响，促进肉鸡生长发育（武书庚，2014）。

2. 光照颜色影响肉鸡生产性能　一般来说，蓝色光照对禽类有镇定作用，减少活动量，促进禽类生长；绿色光照加速肉鸡生长，刺激幼年肉鸡生长发育；红色光照会促使鸡啄羽和互相打斗，增加运动量；黄色光照能刺激禽类的运动，降低饲料转化效率，并提高啄癖发生率（Rozenboim 等，1999）。蓝色和绿色光照可以增强细胞抗氧化能力，促进卫星细胞的增殖，有利于肌肉发育（Ciciliot 等，2010）。使用蓝色和绿色混合光照可以提高生产性能，适当比例的黄色和绿色光照混合可以使肉品质最佳化（Yang 等，2018）。肉仔鸡的生长发育更偏好蓝色和绿色光源。560 nm 绿光及 480 nm 蓝光可以刺激肉鸡体重增长（Rozenboi 等，1999）；使用 580 nm 黄光增加肉鸡体重（Yang 等，2016）。相比于红色光照，蓝绿色光照与绿色光照可以提高肉鸡抗氧化能力，提高胸肌和腿肌 pH、系水能力和蛋白质含量，而降低蒸煮损失、脂肪含量（Ke 等，2011）。此外，不同光照颜色其色温不同，相对于白光源，肉鸡更偏向冷白光源，肉鸡生产性能更佳（Riber，2015）。

笔者团队总结了光照颜色对肉鸡生产性能的影响（表 2-4）。

表 2-4　光照颜色对肉鸡生产性能的影响

日龄	品种	光照颜色	生产性能影响	参考文献
0～49d	AA 肉鸡	白光、红光、绿光、蓝光	0～26 d 绿色光照下肉鸡生产性能更佳；27～49 d 蓝色光照下肉鸡生产性能更佳	Cao 等，2008
胚胎期至生长期	AA 肉鸡	黑暗、单色绿光（560 nm）、单色蓝光（480 nm）	胚胎期单色绿光刺激，孵化后肉鸡体重、胸肌率、饲料转化效率提高	Zhang 等，2012
胚胎期至生长前期	AA 肉鸡	白光、绿光、黑暗	绿色光照对孵化后 0～6 d 肉鸡采食量和体重有上升趋势	Zhang 等，2016
1～35d	安卡红肉公鸡	白光、红光、蓝光、绿光	蓝色光照下肉鸡体重和血浆睾酮素水平高于白、红光照（20 d），绿色光照下肉鸡胸肌更重	Rozenboim 等，1999
1～49d	AA 肉鸡	白光、红光、蓝光、绿光	肉鸡生长前期选用绿色光照，后期改为蓝色光照，能够提高肉鸡生产性能，提高饲料转化效率以及体液免疫和细胞免疫功能	谢电等，2007

（二）光照度与肉鸡生产性能

光照度会影响肉鸡的采食和生产性能，包括肉鸡的死亡率、屠宰率、胸肌率、腿肌率、腿骨发育。给北京油鸡以不同的光照度（5～30lx），结果发现较低的光照度既促进鸡的采食量和体重增加，又能有效节能（华登科等，2014）。光照度小于 1lx 会导致肉鸡生产性能下降；大于 10lx 会导致死亡率上升、均一度下降；30～200lx 光照度区间内与肉鸡体重和采食量呈负相关（Yang 等，2018）。与光照度大于 10lx 相比，0.2 lx 或者 0.5lx 光照度显著降低肉鸡体重，而 1lx 则不会导致肉鸡体重显著下降，说明 1lx 是达到生长所需要的最低光照度。但是 1lx 会引起福利问题，如眼膜直

径降低，5lx 的光照度则不会对眼球等有显著影响。因此，5lx 被认为是肉鸡生长阶段维持生产性能和福利的最低光照度（Yang 等，2018）。光照度在 0.5～5lx 变化时，生产性能随光照度增加而提高（Deep 等，2013）。将前 7d 饲养在 10lx 光照度的肉鸡转到 0.1lx 光照度环境时，前 2 周肉鸡死亡率达到 3.3%，但是全期的死亡率与在 0.5～10lx 光照度环境中无差异（Deep 等，2013）。

（三）光照周期与肉鸡生产性能

连续性光照刺激采食，促进肉鸡生长，不同连续光照时间，对肉鸡生产性能和死亡率的影响也不同。连续光照可以提高胸肌率（Moraes 等，2008）。有研究认为间歇性光照制度可以提高肉鸡存活率（贾永泉等，1996）。与常规/间歇性光周期相比，短/非间歇性光周期显著影响肉鸡的生产性能，表现为采食量、生产性能和胴体产肉率的显著降低，对现代肉鸡的生长发育产生负面影响（Olanrewaju 等，2019）。

将变程光照与间歇性光照结合，改善鸡肉的肉色、剪切力和肌内脂肪，刺激肌肉纤维生长发育，提高鸡肉品质（刘念等，2013）。白色 LED 灯 12 L∶12 D 光照制度相对于 24 L 持续光照制度，肉鸡胫骨在胚胎期（ED）皮质骨面积、皮质骨厚度、二次骨化中心面积以及胫骨和股骨长度都更佳（Huth 等，2015）。孵化过程中，24d 光照周期使肉鸡腿骨长度增加，但是不同光照周期处理对腿骨相关基因表达无显著影响（van der Pol 等，2019）。

在常用的几种连续光照制度中即 12 L∶12 D、16 L∶8 D、20 L∶4d，16 L∶8 D 光照制度因最符合自然光照而最常用。

四、气体环境与肉鸡生产性能

（一）氨气与肉鸡生产性能

1. 氨气影响肉鸡生长 高氨气浓度会对家禽的生长产生不良影响，研究发现暴露于 18.97mg/m³（25ppm）氨气浓度下的肉鸡平均日增重、平均日采食量和饲料转化效率显著下降（Yi 等，2016；Zhou 等，2020；Liu 等，2020）。将 1 日龄肉鸡分别暴露于 0、22.77mg/m³、45.54mg/m³ 氨气浓度下饲养时，发现与对照组相比，45.54mg/m³ 氨气浓度下显著降低了饲料转化效率（Beker 等，2004）。Miles 等（2004）研究发现，19mg/m³、38mg/m³、57mg/m³ 氨气浓度处理肉鸡 28 d，与对照组相比，体重分别降低 2%、17% 和 21%，但是料重比无显著差异。Wang 等（2010）发现与对照组（0mg/m³）相比，39.52mg/m³ 处理组降低体重和料重比分别为 5.0% 和 3.0%。

2. 氨气影响肉鸡胴体品质 氨气应激可以在不同程度上降低肉鸡屠宰率、半净膛率、全净膛率、胸肌率和腿肌率；氨气应激显著升高了腿肌中饱和脂肪酸含量，降低了不饱和脂肪酸含量以及多不饱和脂肪酸/饱和脂肪酸的比值（Xing 等，2016）。氨气浓度超过 30.4mg/m³，肉鸡生产性能和胴体品质受到影响（Reece 等，1981；Caveny 等，1981）。魏凤仙等（2012）研究发现，高浓度氨气增加胸肌滴水损失和剪切力，增加胸肌的 L* 和 b*，降低了 a*。氨气还能够降低屠宰性能和胸肌率。李聪等（2014）研究报道，氨气显著升高肉鸡胸肌的滴水损失，但是胸肌 pH、肉色的影响都未达显著水平；同时随氨气浓度的升高，腹脂率提高，表明高氨气浓度对肉鸡脂肪沉积有一定的影响。周凤珍等（2003）研究发现，38mg/m³ 浓度的氨气处理 2 周后，肉鸡胸肌 pH 显著降低，肉色

L^* 显著增加。

不同氨气水平对肉鸡生产性能的影响，总结于表 2-5。

表 2-5　不同氨气水平对肉鸡生产性能的影响

日龄（d）	品种	氨气浓度（mg/m³）	测定指标与结论	参考文献
22～42	爱拔益加	0、57	平均日采食量↓、平均日增重↓、料重比↑、死亡率↑	Xiong，2016
22～42	爱拔益加	0、57	平均日采食量↓、平均日增重↓、料重比↑	Zhang，2015
1～21	爱拔益加	0、9.88、19.76、39.52	氨气浓度为 39.52mg/m³ 时，饲料转化效率↓	宋弋，2008
22～42	爱拔益加	0、15.2、30.4、60.8	氨气浓度为 60.8mg/m³ 时，平均日增重↓、平均日采食量↓	宋弋，2008
22～42	爱拔益加	0、19、38、57	氨气浓度为 19～57mg/m³ 时平均日采食量和平均日增重都显著降低，而料重比显著提高，肉品质降低	李聪，2014
22～42	爱拔益加	0、19、38、57	氨气浓度超过 38mg/m³ 时，平均日采食量↓、平均日增重↓；57 氨气浓度为 mg/m³ 时，腹部脂肪↑、皮下脂肪↓；氨气浓度↑，胸肌脂肪↓、肝脏脂肪↓	Sa，2018
22～42	爱拔益加	0、19	屠宰率↓、胸肌比例↓；平均日采食量、平均日增重、明显影响料重比	Yi，2016
22～42	爱拔益加	0、57	平均日采食量↓、平均日增重↓、料重比↑、胸肌脂肪↓、肝脏脂肪↓、腹部脂肪↑	Yi，2016
22～42	爱拔益加	0、19、38、60.8	氨气浓度达到 60.8mg/m³ 时，平均日采食量↓、平均日增重↓	李东卫，2012
1～28	罗斯 508×罗斯	19、38、57	体重分别降低 2%、17% 和 21%	Mile 等，2004
1～21	AA 肉鸡	38	降低体重和料重比分别为 5.0% 和 3.0%	Wang 等，2010
28～49	科宝雄鸡	12.16、21.28、29.64、41.04	体重呈比例下降，采食量下降	Yahav，2004

（二）二氧化碳与肉鸡生产性能

在生长早期将肉鸡置于高浓度的二氧化碳环境中，可能会对其随后的生产性能产生不利影响。鸡舍中二氧化碳浓度一般很少能够达到引起鸡中毒或慢性中毒的程度。Purswell 等（2011）研究报道，4 910～12 766mg/m³浓度的二氧化碳对 28～49 日龄肉鸡的平均日增重和饲料转化效率均没有显著影响。Reece 等（1980）研究报道，5 892～11 784mg/m³浓度的二氧化碳对 1～28d 肉鸡的生长性能没有显著影响，但是当二氧化碳浓度达到 23 568mg/m³时，降低 28d 和 49d 肉鸡的体重 3.5%和 8%，但对饲料转化效率无显著影响。Olanrewaju 等（2008）研究报道，687.4mg/m³、5 892mg/m³、11 784mg/m³、17 676mg/m³浓度的二氧化碳处理 1～14d 肉鸡，发现 14d、28d 和 42d 肉鸡的体重和饲料转化效率无显著影响，但是在 5 892～17 676mg/m³浓度的二氧化碳处理后使得肉鸡死亡率增加。戴荣国等（2009）研究发现，舍内二氧化碳浓度 23 568mg/m³及以下（5 892mg/m³、9 820mg/m³、15 712mg/m³），对 21～42d艾维因肉鸡的生产性能指标、屠宰性能和血液生理生化指标均无显著差异；舍内 CO_2 浓度超过 23 568mg/m³时，试验组肉鸡日增重、饲料转化效率都不同程度地降低；舍内二氧化碳浓度超过15 712mg/m³时，死亡率随二氧化碳浓度升高而升高，这表明舍内二氧化碳浓度低于 23 568mg/m³对鸡健康无明显影响，但高于23 568mg/m³不利于肉鸡的健康生长。

（三）硫化氢与肉鸡生产性能

1. 硫化氢影响肉鸡生长　研究表明，硫化氢过高可以降低肉鸡的生产性能。孟庆平等（2009）将刚出壳的 AA 雏鸡分别暴露于

0、3.04mg/m³、6.08mg/m³、12.16mg/m³ 的硫化氢浓度下处理 3 周，发现 12.16mg/m³ 处理组显著降低了肉鸡的平均日采食量、平均日增重和饲料转化效率；当 3～6 周龄肉鸡分别暴露于 0、4.56mg/m³、9.12mg/m³、18.24mg/m³ 的硫化氢水平下，发现与对照组相比，各处理组差异不显著，但有降低平均日采食量、平均日增重和饲料转化效率的趋势。Hu 等（2018）将 1 日龄罗斯 308 肉鸡暴露于 6.08mg/m³ 的硫化氢浓度下处理 3 周，21d 后暴露于 30.4mg/m³ 的硫化氢水平下继续处理 3 周，对照组硫化氢浓度始终维持在 0.5 范围内，研究发现与对照组相比，硫化氢处理组在 28d 和 42d 时显著降低了肉鸡的体重；与对照组相比，经硫化氢处理的肉鸡在 15～28d 内平均日增重显著降低；但经硫化氢处理的肉鸡所测得的平均日采食量和饲料转化效率与对照组相比没有显著差异。Wang 等（2011）将 1d AA 肉鸡分别暴露于 0、3.04mg/m³、6.08mg/m³、12.16mg/m³ 的硫化氢浓度下处理 3 周，与对照组相比，12.16mg/m³ 处理组显著降低了肉鸡的体重、平均日采食量和饲料转化效率；当肉鸡处于 3～6 周龄时，分别暴露于 0、4.56mg/m³、9.12mg/m³、18.24mg/m³ 的硫化氢水平下，发现与对照组相比各处理组肉鸡体重、平均日采食量和饲料转化效率变化差异不显著，但随着硫化氢浓度的增加，它们都呈现下降趋势。

2. 硫化氢影响肉鸡肉品质　屠宰性能能够反映营养物质的沉积量，判断肉鸡的生长发育状况进而可以衡量肉鸡的营养价值与屠宰价值。孟庆平（2009）1～21d AA 雏鸡分别暴露于 0、3.04mg/m³、6.08mg/m³、12.16mg/m³ 的硫化氢环境下，22～42d 暴露于 0、4.56mg/m³、9.12mg/m³、18.24mg/m³ 的硫化氢环境下，与对照组相比，肉鸡的胸肌率和腿肌率变化不显著，高浓度硫化氢组（9.12mg/m³ 和 18.24mg/m³）显著降低了 6 周龄肉鸡屠宰率；18.24mg/m³ 处理组显著降低腿肌 pH，显著增加腿肌滴水损失率，表现在肌肉外观上就是肉的亮度增大，肌肉苍白，肌肉黄度弱。这表明禽舍内高浓度硫化氢易导致劣质肉的产生。Hu 等（2018）将罗斯 308 肉鸡分别暴露于不同的硫化氢浓度条件下，1～21d 时暴露于 6.08mg/m³ 浓度，在 22～42d 时暴露于 30.4mg/m³ 的浓度下，对照组硫化氢浓度始终维持在 0，硫化氢处理组的腹脂率相比于对照组显著降低，但屠宰率和全净膛率无显著差异。Wang 等（2011）将 AA 肉鸡随机分为 4 个处理组，A 组为对照组，B、C 和 D 组为试验组，其中 0～3 周分别接受 3.04mg/m³、6.08mg/m³、12.16mg/m³ 浓度的硫化氢处理，4～6 周分别接受 4.56mg/m³、9.12mg/m³、18.24mg/m³ 浓度的硫化氢处理，研究发现随着硫化氢浓度的增加，胸肌率和腿肌率略有下降，但变化不显著；C 组和 D 组的屠宰率显著低于 A 组；D 组大腿肌肉 pH 相比于 A 组显著降低；C 组胸肌滴水损失率显著高于 A 组，D 组腿肌滴水损失率显著高于 A 组。

综上所述，当硫化氢浓度达到 18.24mg/m³ 左右时可显著降低 AA 肉鸡的屠宰率、肌肉 pH，产生劣质肉。

第三章
肉鸡饲养环境参数

肉鸡舍环境因素对肉鸡健康生产至关重要。精准的环境参数是肉鸡舍环境控制的基础。肉鸡舍的环境因素包括鸡舍温度、湿度、饲养密度、风速、光照、有害气体等。目前，规模化养鸡环境控制的目标大多是从保障肉鸡健康、提高鸡群生产性能、兼顾肉鸡福利等角度，从小气候环境条件与鸡群健康生产的相互关系来确定较适宜的环境参数设定值。

第一节　肉鸡饲养环境参数研究概述

一、热环境

美国科宝公司（2010年）提出温湿度参考值（表3-1）。

表3-1　商品肉鸡温湿度参考值

日龄（d）	相对湿度（%）	来源于30周龄或以下父母代种鸡的雏鸡温度（℃）	来源于30周龄或以上父母代种鸡的雏鸡温度（℃）
0	30～50	34	33
7	40～60	31	30
14	40～60	27	27
21	40～60	24	24

（续）

日龄（d）	相对湿度（%）	来源于 30 周龄或以下父母代种鸡的雏鸡温度（℃）	来源于 30 周龄或以上父母代种鸡的雏鸡温度（℃）
28	50~70	21	21
35	50~70	19	19
42	50~70	18	18

如果湿度比上表数值低，则增加鸡舍温度 0.5~1℃。如果湿度比上表数值高，则降低鸡舍温度 0.5~1℃。决定鸡舍合适温度通常以鸡群的活动状况和体感温度为指导原则。

来源于蛋重较小（年轻种鸡群）的雏鸡需要更高的育雏温度，因为它们在前 7d 产生的热量会使温度少约 1℃。

（一）温度

近来，我国对 21~42 日龄肉鸡温度适宜值进行了较多研究。王雪洁等（2018）研究了 21~28d 阶段肉鸡适宜温度的下限值，21d 时各组温度分别设定为 28℃、26.5℃、25℃、23.5℃、22℃和 20.5℃，而后每 2d 降低 1℃，到 28d 时各组温度分别达到 25℃、23.5℃、22℃、20.5℃、19℃ 和 17.5℃，结 果 发 现，20.5~23.5℃及以下各组肉鸡料重比、采食量、站立和抱团行为次数显著高于25~28℃组，体表温度显著低于 25~28℃组。这一结果表明，在21~28d 阶段鸡舍温度应控制在 22~25℃以上。苏红光（2014）研究了 6 个温度梯度（10℃、14℃、18℃、22℃、26℃、30℃）对肉鸡的影响，发现在 29~35d 阶段，环境温度由 22℃升高到 26℃显著降低采食量，升高到 30℃则进一步降低采食量以及日增重；环境温度由 22℃降低到 10℃显著降低日增重，升高 F/G，而降低到 14℃时对肉鸡的生产性能没有显著影响。上述结果表明，在 28~35d 阶段，环境温度不宜低于 15℃，也不宜超过 26℃，否则影响生产性能。在36～42d阶段，苏红光（2014）发现环境温度由22℃降低到18℃时不影响肉鸡的生产性能，降低到14℃则显著降低日增重，升高料重比；由22℃升高到26℃显著降低采食量、日增重。甄龙（2015）同样发现，在35～42d，环境温度由21℃升高到26℃降低采食量，提高水料比、水重比。王雪洁等（2018）设定了5个温度梯度，35d时温度分别为23.5℃、21.5℃、19.5℃、17.5℃、15.5℃，以后每56h降低1℃，在42d时环境温度分别为21.5℃、19.5℃、17.5℃、15.5℃和13.5℃。研究发现，15.5～17.5℃及以下各组肉鸡料重比和抱团行为数量显著高于21.5～23.5℃组，体表温度显著低于21.5～23.5℃组。上述结果表明，在36～42d阶段，环境温度应控制在19.5～21.5℃以上，但不宜超过26℃，否则影响生产性能。

杨语嫣等（2019）研究了55％相对湿度、85％相对湿度下28d、35d、42d和49d肉鸡体表温度、体核温度的拐点温度，并以此估测肉鸡热舒适区及体温恒定区的上限温度，结果列于表3-2。并建议在中湿环境下（55％相对湿度），鸡舍温度尽量维持在23.6℃（28d）、23℃（35d）、22.7℃（42d）、22℃（49d）以内，不要超过26.9℃（28d）、25℃（35d）、24.3℃（42d）、23.8℃（49d）。在高湿（85％）环境下，鸡舍尽量温度维持在23.1℃（28d）、22.4℃（35d）、22.1℃（42d）、21.7℃（49d）以内，不要超过26.2℃（28d）、24.6℃（35d）、23.5℃（42d）、23.3℃（49d）。

表3-2　肉鸡不同湿度下热舒适区和体温恒定区的上限温度（℃）

日龄（d）	55％相对湿度		85％相对湿度	
	热舒适区上限	体温恒定区上限	热舒适区上限	体温恒定区上限
28	23.61±1.66	26.87±1.36	23.06±1.99	26.18±0.70
35	23.03±0.83	25.01±1.17	22.43±1.05	24.58±1.25
42	22.67±1.69	24.32±1.05	22.11±0.75	23.46±1.32
49	22.01±1.05	23.76±1.24	21.66±0.93	23.32±1.79

（二）湿度

Yahav（1995）发现，35℃，相对湿度为 60％～65％，5～8 周龄的肉鸡有最高的增长率、采食量和二氧化碳分压（pCO₂），且此时有最低的直肠温度、皮温和 pH。Yahav（2000）研究发现，当环境温度为 28℃、30℃和 35℃时，4～8 周龄肉鸡在相对湿度为 60％～65％时的生长率和采食量最高。由此可见，当环境温度超过 27℃时，4～6 周龄肉鸡舍内应尽量避免相对湿度超过 65％。

笔者团队总结了湿度对肉鸡生理、代谢、免疫、氧化、生长、肉品质及健康和福利的影响（表 3-3），得出结论：当温度处于肉鸡热中性区之上时，60％～65％相对湿度有利于肉鸡维持体温恒定、酸碱平衡，有利于生产性能潜力的发挥；当相对湿度降低到 40％～45％，可能会出现呼吸性碱中毒。相对湿度在 40％～70％，空气细菌或病毒的存活力和感染力最低；湿度过低，尤其是低于 26％时，呼吸道疾病和大肠杆菌病感染率增加；鸡舍内湿度高于 75％时，肉鸡胸肌的灼伤率、脚垫皮炎和腿病感染率显著提高。在适温下，1～3 周龄肉鸡舍内的相对湿度范围为 50％～60％，都有利于生产性能潜力的发挥，但不宜低于 35％相对湿度，否则会影响肉鸡的生产性能、相关酶活性和代谢物；高于 85％相对湿度会影响肉鸡的肉品质及相关酶活性和代谢物。在适温及高温下，4～6 周龄肉鸡舍内的湿度不宜超过 85％相对湿度或低于 35％相对湿度，否则会影响肉鸡血液应激相关酶活性、代谢物、氧化产物含量以及肉品质。

表 3-3　湿度对肉鸡健康和生产性能的影响

湿度水平	影响效应	参考文献
＜40％	降低肉鸡生产性能，改变机体代谢，影响肉品质，呼吸碱中毒，空气传播细菌或病毒的存活及感染力增加	孙永波，2017 周莹，2017 Arundel，1986 Yahav，2000

（续）

湿度水平	影响效应	参考文献
60%～65%	生长率和采食量最高	Yahav, 1998, 2000
>75%	肉鸡胸肌灼伤率和足垫感染率上升，易感染粪产碱杆菌	Weaver, 1991 Slavik, 1981
>80%	蒸发散热、生产性能、屠宰率、免疫机能均下降，改变机体代谢，影响肉品质	Adams, 1968 Winn, 1967 Lin, 2005 Joseph, 2012 魏凤仙, 2012 Wei, 2013 Zhou, 2019

（三）通风

除了要保持适当的温度外，也要考虑通风的问题。国外各大育种公司提出了不同日龄肉鸡的适宜风速。

国内也开展了肉鸡适宜风速的研究。张少帅等（2016）研究表明，偏热处理下低风速（0.5m/s）会加重肉仔鸡热负荷，最适风速为1.5m/s。一般认为，冬季过背风速0～14日龄要求为0，15～21日龄不超过0.5m/s，22～28日龄不超过0.8m/s。

二、群体环境

世界不同地区提出的鸡群的饲养密度参考值不一样。为了精确地评估养殖密度，需要考虑诸多因素如气候、鸡舍类型、饲养方式、通风系统、料槽和饮水器所占面积、饲养动物的圈舍面积、屠宰体重和动物福利等要求。

　　笔者团队魏凤仙系统研究了不同饲养密度（9 只/m²、12 只/m²、15 只/m²、18 只/m² 和 21 只/m²）对肉鸡的生长发育、内分泌、免疫机能、消化代谢的影响（图 3-1），结果表明：高饲养密度（18 只/m²、21 只/m²）显著降低了肉鸡出栏体重和平均日增重，升高了料重比；高饲养密度显著增加了血液中异嗜粒细胞与淋巴细胞比（H/L）、肌酸激酶（CK）和皮质酮含量；显著降低血液超氧化物歧化酶（SOD）、谷胱甘肽过氧化物酶（GSH-PX）、总抗氧化能力（T-AOC），显著升高丙二醛（MDA）；高饲养密度显著降低肉鸡细胞免疫机能；高密度影响了消化酶的分泌。综合以上各项指标结果，饲养密度＞15 只/m²，机体产生氧化应激，免疫力下降，消化吸收功能紊乱，这一系列的不利影响导致肉鸡生产性能下降。规模化肉鸡养殖场最适饲养密度为 12～15 只/m²。

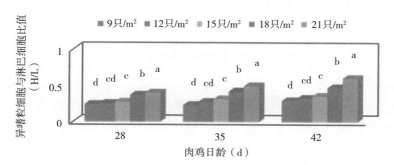

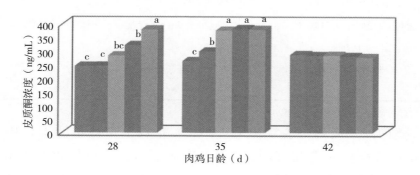

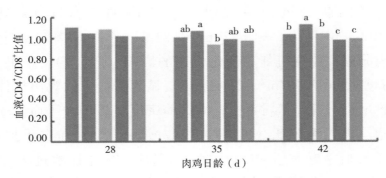

图 3-1　饲养密度对肉鸡免疫机能、内分泌的影响

注：图中不同小写字母表示差异显著（$P<0.05$），相同小写字母表示差异不显著（$P>0.05$）。

欧盟委员会认为制定饲养密度应当考虑以下因素：①所有鸡只都能表现出正常的行为模式；②所有鸡只都可以轻松地获取食物和水；③任何希望从拥挤区域移动到更开放空间的鸡只都可以这样做；④鸡只应有垫料，以便能啄、挠和沙浴。建议肉鸡饲养密度见表 3-4。

表 3-4　欧盟委员会推荐肉鸡饲养密度

欧盟（2000）	需要考虑屠宰日龄、体重、风速/气候条件；饲养密度超过 30kg/m² 时可能会出现福利问题，这个饲养密度只应该在生产能够保证空气和垫料质量的时候才被允许没有固定数据
欧洲委员会（1995）	
AVEC（1997）	饲养密度取决于鸡舍条件、设备质量和管理水平
FAWC（1992）	任何时候不应超过 34 kg/m²
德国（自愿协议）（1993）	30～37 kg/m²，取决于管理条件，最多 35 kg/m²
奥地利	35 kg/m²
瑞士（联邦法律）	最多 20 只/m² 或 30kg/m²
瑞典	20～36 kg/m²，取决于管理水平

资料来源：C Weeks 和 A Butterworth，2003。

美国国家肉鸡协会（NCC，2010）推荐上市体重低于 2.04 kg 的肉鸡饲养密度为 32 kg/m²（15.7 只/m²），上市体重在 2.04～2.49 kg 的肉鸡饲养密度为 37 kg/m²，上市体重大于 2.49kg 的肉鸡饲养密度为 42 kg/m²。美国食品经营协会和国家餐饮连锁经营委员会（FMI-NCCR，2003）限定的肉鸡饲养标准为 30kg/m²（13.7 只/m²），这与皇家动物保护协会（RSPCA，2002）制定的30kg/m²类似。

美国科宝公司（2010 年）提出，在较温暖的气候条件下，30kg/m²最接近理想的鸡群饲养密度。一般推荐的鸡群密度如表3-5所示。

表 3-5　不同鸡舍类型和通风类型下最大鸡群密度

鸡舍类型	通风类型	设备	最大鸡群密度（kg/m²）
侧开鸡舍	自然通风	鸡舍排气扇	30
侧开鸡舍	正压通风	60°挂墙扇	35
实心墙鸡舍	横向通风	欧洲配置	35
实心墙鸡舍	纵向通风	喷雾设备	39
实心墙鸡舍	纵向通风	蒸发降温	42

三、光环境

光照方案是取得理想生产性能和实现鸡群福利的关键因素之一。没有任何一种标准光照方案可以全世界通用。因此，有关光照方案的建议在实际应用时要根据饲养环境条件、鸡舍类型和肉鸡饲养的总体目标作出调整。如果使用不合适的光照方案，可能会影响每日增重和损害鸡群性能。细心观察鸡群生产性能、饲料配方对于设计光照方案同样重要。如果能够获得准确的日增重数据，则优选根据平均增重量设计的光照方案。

（一）光照颜色

不同光照颜色会对肉鸡生长发育、行为活动及免疫水平产生不同影响。目前养殖场所使用的光色大多是根据人的感官来定，一般使用暖色光。然而，禽类的视觉系统比人类更加发达，所以不能完全满足禽类需求。根据研究结果总体来看，蓝绿色光源相比于红色光源，促进肉鸡的生长发育，改善生产性能。但蓝绿色光源与白炽灯或荧光灯等普通光源存在差异，是否对血液学指标有影响尚无定论，而且蓝绿光源的使用人眼不能很快适宜，而中国很多养殖场依旧主要依赖人工养殖，所以单色光能否代替普通光源应用于生产，有待于进一步研究。目前，各组织机构也并未对光照颜色做出严格要求，目前对单色光的研究比较单一，有必要对不同比例三原色进行组合来探究光色对肉鸡的影响，完善相关机制。

（二）光照度

国内外不同机构光照度标准不同。表 3-6 和表 3-7 是《商品肉鸡生产技术规程》（GB/T 19664—2005）中有关光照程序的要求。表 3-8 为国外有关光照程序的建议。此外各肉鸡养殖公司有其具体标准，如正大集团要求鸡舍内每 $20m^2$ 安装一个灯泡，高度距垫料或者棚架 2m，灯距 3～4m，配有灯罩，经常检查，擦拭灯泡，发现损坏及时更新。

表 3-6　开放式鸡舍光照程序

日龄（d）	光照度（lx）
1～3	30～40
4～15	5～10
16～22	5～10
22 至上市	5～10

表 3-7　遮黑或者密闭鸡舍间歇式光照程序

日龄（d）	光照度（lx）
0	20
4	20
7	5
14	5
21	5
28	5
35	5
42	5
49	5

表 3-8　国外各组织机构光照度对比

组织机构	光照度
美国鸡肉协会（NCC）	5.38lx
动物福利协会（AWI）	大于15～20lx
欧盟	20lx 光照度最合适

　　目前关于光照度对肉鸡生产性能和福利影响的研究结果不完全一致。总体来说，光照度会影响肉鸡行为和肉鸡福利。一般认为5lx 光照度可以满足肉鸡生长需要，同时减少电量消耗。国内外生产中所使用的光照度差异较大，不少养殖企业为了减少肉鸡活动、打斗而获得更大的肉鸡增重，降低啄癖发生率，使用低光照度。美国鸡肉协会（NCC，2014）规定，肉鸡饲养最低光照度是 5lx。美国普遍采用的光照强度为：1～7d 不低于 20lx，随后光照度为 3～5lx；而中国在肉鸡生产实践中普遍采用的光照度为 20lx。相关商业生产福利保障计划同样认为，5lx（LED 灯照明）是肉鸡饲养最低光照度。但是欧盟推荐肉鸡饲养最低光照度为 20lx。不仅如此，生产中人工补光、光照度的选择也因季节、鸡舍类型与光源的不同而有差异。因此，我们需要根据不同的养殖环境调整光照度，在满足肉鸡生长发育、不影响肉鸡福利的情况下，尽量减少能耗，以获

得最大的经济效益。

（三）光照周期

常见的几种肉鸡光照方案如表 3-9 所示。

表 3-9　常见的肉鸡光照方案

光照方案	日龄（d）	光照度（lx）	每日光照：黑暗时间（h）
方案一	1～2	20	23：1
	3～42	5	23：1
方案二	1～3	20	23：1
	4～42	5	16：8
方案三	1～3	20	23：1
	4～10	5	8：16
	11～15	5	12：12
	16～21	5	16：8
	22～35	5	18：6
	36～42	5	23：1
方案四	1～3	20	23：1
	4～10	20	18：6
	11～15	5	8：16
	16～21	5	12：12
	22～28	5	16：8
	29～42	5	18：6

我国《商品肉鸡生产技术规程》（GB/T 19664—2005）要求，有条件的鸡场可以用光照定时钟按每日设定的时间提供光照（表 3-10、表 3-11）。

表 3-10　开放式鸡舍光照程序

日龄（d）	光照时间（h）	非光照时间（h）
1～3	23～24	0～1
4～15	12	12
16～22	16	8
22 至上市	18～23	1～6

表 3-11　遮黑/密闭鸡舍间歇式光照程序

日龄（d）	光照程序	
	肉仔鸡	烤用仔鸡
0	24L：0D	24L：0D
4	18L：6D	18L：6D
7	6L：8.5D：1L：8.5D	6L：8.5D：1L：8.5D
14	10L：6.5D：1L：6.5D	9L：7D：1L：7D
21	14L：4.5D：1L：4.5D	12L：5.5D：1L：5.5D
28	18L：6D	15L：4D：1L：4D
35	24L：0D	18L：6D
42	上市	21L：3D
49		24L：0D
		上市

欧盟委员会（2007）要求 7d 以上肉鸡每天应给予不低于 6h 的暗期，其中至少有 4h 连续暗期。

一般商业机构为获得最大利益，会使用连续光照。正大集团等用的光照周期及相关制度如表 3-12 所示。

表 3-12　正大集团的光照制度

日龄（d）	屠宰重低于 2.1kg		屠宰重高于 2.1kg	
	光照时间（h）	非光照时间（h）	光照时间（h）	非光照时间（h）
1～3	24	0	24	0
4～7	18	6	18	6
8～14	14	10	12	12
15～21	16	8	14	10

（续）

日龄（d）	屠宰重低于 2.1kg		屠宰重高于 2.1kg	
	光照时间（h）	非光照时间（h）	光照时间（h）	非光照时间（h）
22～28	18	6	16	8
29～35	22	2	18	6
36～42	22	2	20	4
43	22	2	22	2

光照周期会影响肉鸡的行为、生产性能和健康水平，国内一般采用变程式光照，即光照时长随日龄先增加后减少。连续性光照刺激采食，促进肉鸡生长，但应激大，1L∶3D是目前公认的效果显著的间歇光照制度（Rahimi 等，2005），但是由于操作烦琐等原因推广度较低。此外，在一些非洲地区，3—5月气温极高，白天动物为了抵御热应激会减少采食来控制内脏温度（Souzal 等，2016），导致体重下降，当地养殖产业为了减少损失，会延长夜晚光照。根据各项研究来看，需要结合当地具体情况，以及光照的各种因素综合考虑并设定合理的光照周期，使肉鸡自身福利和相应的经济效益同步上升。

四、气体环境

1999 年，我国颁布实施了《畜禽场环境质量标准》（NY/T 388—1999），规定了规模化鸡场（≥5 000 只）应设置舍区、场区和缓冲区。其中，舍区指鸡生活所处的半封闭区域，场区指鸡场围栏或院墙以内、舍区以外的区域，缓冲区指场外周围向外≤500m 范围内的区域。该标准规定了规模化鸡场（≥5 000 只）鸡舍内氨气浓度的限值分别为 15mg/m³，硫化氢浓度的限值为 10mg/m³，二氧化碳浓度限值为 0.15％，可吸入性颗粒物（PM_{10}）和总悬浮颗粒物（TSP）的限值分别为 4mg/m³ 和 8mg/m³，细菌总数的限值为 25 000 个/m³。不同区域空气环境质量须满足表 3-13 的要求。

表 3-13　规模化鸡场空气环境参数标准

项目	舍区		场区	缓冲区
	雏鸡	成年鸡		
氨气（mg/m³）	10	15	5	2
硫化氢（mg/m³）	2	10	2	1
可吸入颗粒物（PM_{10}，mg/m³）		4	1	0.5
总悬浮颗粒物（mg/m³）		8	2	1
细菌总数（个/m³）	25 000			

注：表中数据均为日均值。

美国科宝公司（2010 年）提出的空气质量要求见表 3-14。

表 3-14　科宝公司提出的空气质量要求（2010）

项目	空气质量指标
氧气	＞19.6％
二氧化碳	＜0.3％或 5 892mg/m³
一氧化碳	＜12.5mg/m³
氨气	＜7.59mg/m³
相对湿度	45％～65％
可吸入性粉尘	＜3.4mg/m³

世界不同国家或组织机构对氨气提出的限定标准见表 3-15。

表 3-15　不同国家或组织机构设定的氨气标准

国家/组织机构	氨气浓度限值
中国	雏鸡舍 10mg/m³，成鸡舍 15mg/m³
美国国家职业安全与卫生研究所	禽舍内每天工作 8h 的工作人员可以耐受的氨气浓度为 18.97mg/m³
职业安全与健康管理局（2010）	37.95mg/m³（工作 8h）
职业安全与健康管理局（2016）	35mg/m³（工作 8h）
英国	18.97mg/m³（基于工作人员的安全）

（续）

国家/组织机构	氨气浓度限值
瑞士	7.59mg/m³（基于工作人员的安全）

世界不同国家或组织机构对二氧化碳提出的限定标准见表3-16。

表3-16　不同国家或组织机构设定的二氧化碳标准

国家/组织机构	二氧化碳浓度限值
中国	1 500mg/m³，主要适用于传统的刮板式清粪鸡舍
美国农业与生物工程学会（ASAE，2003）	4 910mg/m³
职业安全与健康管理局（OSHA，2012）	9 821mg/m³（工作人员8h的耐受量）
美国政府工业卫生学家会议（ACGIH，2011）	9 821mg/m³（工人人员8h的耐受量）

世界不同国家或组织机构对硫化氢提出的限定标准见表3-17。

表3-17　不同国家或组织机构设定的硫化氢标准

国家/组织机构	硫化氢浓度限值
中国	雏鸡舍2mg/m³ 成鸡舍10mg/m³
职业安全与健康管理局	8h暴露允许值15.18mg/m³（基于工作人员的安全） 15min短时间暴露允许值22.77mg/m³（基于工作人员的安全） 可接受最高浓度30.36mg/m³（基于工作人员的安全）
职业安全与健康管理局	峰值10min最大浓度75.89mg/m³（基于工作人员的安全） 10min暴露推荐值15.18mg/m³（基于工作人员的安全）
美国政府工业卫生学家会议	阈值/TLV15.18mg/m³（基于工作人员的安全） 15min短时间暴露阈值15.18mg/m³（基于工作人员的安全）
世界卫生组织（WHO）	24h平均值0.11ppm（基于工作人员的安全） 30min臭气厌恶值0.005ppm（基于工作人员的安全）

近几年我国对肉鸡舍氨气浓度适宜值开展了研究。宋弋等

（2008）研究报道，39.47mg/m³的氨气浓度显著降低 21d AA 肉鸡的饲料转化效率，60.8mg/m³ 的氨气浓度显著降低 42d 肉鸡的平均日增重和平均日采食量，并建议 0～3 周龄舍内氨气浓度应不超过 9.88mg/m³，在 4～6 周龄应不超过 15.2mg/m³。李聪等（2014）研究报道，随着鸡舍内氨气浓度的升高（2.28mg/m³、19mg/m³、38mg/m³ 和 53.2mg/m³），AA 肉鸡的平均日增重和日采食量降低，鸡舍内氨气浓度达到 19mg/m³ 时即会影响肉鸡的生长性能及肉质性状，且随着氨气浓度的增加，这种影响加剧，暴露在高浓度氨气中的肉鸡，其腹脂率、胸肌滴水损失率增加。孟丽辉等（2016）研究报道，随着氨气（0、19mg/m³、38mg/m³ 和 57mg/m³）浓度的升高显著影响了肉鸡的脚垫评分、跗关节评分及步态评分，随着舍内氨气浓度的升高，加大了肉鸡羽毛污损、脚垫感染以及跛行等的发生率及严重程度，并建议为保证肉鸡的健康和福利，鸡舍内氨气浓度最好控制在 19mg/m³ 以内。Zhou（2021）研究不同梯度氨气浓度（0、11.38mg/m³、18.98mg/m³、26.56mg/m³）对肉鸡气管炎症和菌群的影响时发现，11.38 mg/m³ 的氨暴露已经造成气管炎症，并使气管菌群发生改变，增加有害菌的数目，降低有益菌的数目，得出结论：4～6 周龄舍内氨气浓度不应超过 11.38mg/m³。

第二节 肉鸡适宜饲养环境参数

一、热环境

鸡舍热环境主要由温度、湿度与风速等因素共同作用形成。在生产中，夏季温度高、冬季温度低，温度控制较难，合理控制夏季和冬季的鸡舍内温度，能使肉鸡健康生产。鸡舍的温度控制通过降温、供暖和通风系统完成。

（一）温度

育雏阶段需要较高的温度，第一天雏鸡适宜温度为 33～34℃，随日龄的增加所需温度逐渐降低，以后每周下降 2～3℃，直到 18～22℃，停止降温，并恒定此温度。夏、秋季外界温度高，每周降 3℃，冬、春季外界温度低，每周降 2℃（表 3-18）。表 3-18 提出了 4～6 周生长后期肉鸡适宜温度的上限值；高湿环境下（相对湿度＞80%），肉鸡生长后期适宜温度的上限值降低 0.5℃。

表 3-18　肉鸡温度建议值

日龄（d）	温度（℃）
1	33～34
7	30～31
14	27～28
21	25～26.5
28	22～24
35	19.5～23
42	18～22.5

（二）湿度

1～3 周龄肉鸡的适宜相对湿度为 50%～60%；4～6 周龄肉鸡的适宜相对湿度为 60%～65%，在 50%～65% 范围内可以接受。相对湿度的生产临界值在 40%～70%。

（三）通风

全自动密闭鸡舍的风速是根据舍内温度变化自动控制风机循环周期和启动数量及小窗开口大小进行调节，表 3-19 中列出了不同日龄肉鸡允许的流过鸡背的最大风速。

表 3-19　肉鸡日龄与流过鸡背的最大允许风速

日龄（d）	风速（m/s）
0～14	0.15～0.3
15～21	0.5
22～28	0.875
28 以上	1.75～2.5

二、群体环境

肉鸡群体环境包括饲养密度和群体规模大小，在实际生产中，不宜单独提出适宜饲养密度、适宜群体规模，而是提出相互配套的饲养密度和群体规模大小。

（一）饲养密度

适宜的饲养密度需要考虑诸多因素如气候、鸡舍类型、饲养方式、通风系统等。总的原则就是在有条件的情况下，前 4 周的饲养密度越小，肉鸡就会越健康，环境压力就会越小，用药量也就越小。

因为鸡是逐渐长大的，最关键的饲养密度就是出栏时的饲养密度。现在较科学的做法是确定出栏时每平方米面积可养鸡的总重量，而不是多少只鸡。总的原则是，商品白羽肉鸡立体笼养最高饲养密度≤45kg/m²，网上平养最高饲养密度≤28.8kg/m²。由于饲养目的不同，出栏时体重不同，掌握的鸡群密度也不同，要根据季节、气候等条件灵活掌握，适当调节。综合考虑以上诸因素，全自动环境控制鸡舍推荐白羽肉鸡适宜饲养密度见表 3-20 和表 3-21。

表 3-20　肉鸡饲养密度和饲养群体规模推荐值

项目	立体笼养白羽肉鸡	网上平养白羽肉鸡
群体规模（只）	7～21	4 000～4 500
出栏日龄（d）	38～42	38～42
出栏饲养密度（kg/m²）	≤45	≤28.8
出栏饲养密度（只/ m²）	三层笼养，下层：20～21 只/m²；中上层：18～20 只/m²，下层至上层，密度每层递减 1～2 只	10.5～11.5 只/m²
笼具/单网尺寸	80cm × 125cm × 45cm 或 70cm × 80cm×45cm	32m×12m
鸡舍类型	全自动环境控制鸡舍	鸡舍长 32.7m × 宽 120m，全自动环境控制

表 3-21　不同季节不同阶段肉鸡饲养密度（只/ m²）

季节	不同阶段立体笼养白羽肉鸡饲养密度			不同阶段网上平养白羽肉鸡饲养密度		
	1～2 周	3～4 周	5 周至出栏	1～2 周	3～4 周	5 周至出栏
夏季	55	30	19	40	25	10
冬季	55	30	21	40	25	12
春、秋季	55	30	20	40	25	11

（二）群体规模

针对家禽特定群体规模的建议在不同的行业指南和认证项目中存在很大的差异，因为其中一个参数的变化可以产生一连串的效果（蝴蝶效应），而保持家禽的最佳群体规模大小和饲养密度以确保可接受的动物福利水平也一直是争论的话题。在实际生产中，饲养密度、群体规模和空间大小是很难单独区分开展研究的。"最优"的饲养群体规模可能因环境条件的不同而有所不同，因此，要根据养殖场现有的条件来全面考虑肉鸡的饲养密度和群体规模。综合考虑诸多因素及结合养殖企业白羽肉鸡实际养殖情况，商品白羽肉鸡推荐群体规模见表 3-20。

三、光环境

肉鸡因其眼球结构的特殊性，对光照变化极其敏感。提供合理的光环境，调控肉鸡生长发育、行为、免疫和福利，是促进肉鸡规模化养殖的关键。影响光环境的因素，主要体现在光源的选择、光照颜色的搭配、适宜的光照度以及光照周期的调整。

（一）光源和光照颜色

目前很多国家及地区正在逐步淘汰白炽灯光源，替代以新型照明设备（如 LED 灯）。光照颜色的选择，除白色光外，建议使用绿色光和蓝色光为宜。

（二）光照度

国内外肉鸡生产中所使用的光照度差异较大，多数养殖企业为了减少肉鸡活动、打斗而获得更大的肉鸡增重，降低啄癖发生率，通常使用低光照度。光照度的选择建议以低光照度为主（2～5lx），在不影响采食量的情况下，增加饲料转化效率。但肉仔鸡在前 3d 要保证一定的光照度（20lx）。

（三）光照周期

在生产实践中人们往往通过人工补光延长光照时间或者完全使用人工光照以期获得更好的经济效益。目前普遍认为间歇性光照制度有利于肉鸡养殖效益，可有效提高肉鸡的增重速率，降低料重比，降低肉鸡腹脂率，提高鸡肉品质。但肉仔鸡在前 3d 一般保持

24h 光照，主要目的是让肉仔鸡熟悉环境，能够正常采食和饮水。推荐的肉鸡适宜光照参数见表 3-22。

表 3-22　肉鸡适宜光照参数

光照因素	光照环境
光源	LED 灯
光照度	1～3d，20lx；4d 后，2～5lx
	1～3d，24 L：0D
	4d，23 L：1D
	5d，22 L：2D
	6d，21L：3D
光照周期	7～38 d，20 L：4D
	39d，21L：3D
	40d，22L：2D
	41d，23L：1D
	42d，24L：0D

四、空气卫生环境

根据我国肉鸡生产实际，结合国内外研究成果和生产实践，建议的空气卫生环境参数见表 3-23。

表 3-23　肉鸡舍空气卫生环境参数建议值

空气成分	限值	
	1～3 周	4～6 周
氧气	不低于 19.6%	
一氧化碳	不超过 12.5mg/m³	
可吸入微粒	不超过 3.4mg/m³	
二氧化碳	不超过 1 964mg/m³	不超过 2 946mg/m³
氨气	不超过 7.59mg/m³	不超过 11.4mg/m³
硫化氢	不超过 3.04mg/m³	不超过 9.12mg/m³

第四章
肉鸡饲养环境管理及其案例

随着肉鸡养殖规模化、集约化和工业化程度不断提高，鸡舍小气候环境对肉鸡健康和生产性能的作用愈来愈重要。特别是肉鸡的生长速度、胸肉量等遗传性能不断被强化，品种更新换代速率加快；而其对小气候环境变化的适应性愈来愈差，这就更加要求集约化养鸡的环境控制要不紧跟现代肉鸡的育种进展，适时调整养鸡环境控制的目标、基本要求和综合方案。

第一节　肉鸡饲养环境控制的基本要求

一、肉鸡饲养环境控制目标

（一）追求鸡群高成活率

鸡舍小气候环境不仅直接影响肉鸡免疫机能和福利，也影响环境中致病微生物的繁殖，在确定肉鸡适宜温度、湿度、密度和光照参数以及有害气体限值时，已经考虑维护肉鸡健康这一因素，因此环境控制的目标首先要保障肉鸡健康，降低鸡群发病率和死亡率，追求高成活率。

（二）追求鸡群高产出

肉鸡生产性能关乎养殖效益，提高鸡群生产性能是环境控制的重要目标。国内外各机构和企业大多从提高肉鸡生产性能角度确定小气候环境设计参数值，如鸡舍的温度管理主要寻求在鸡体代谢的热中性区或避免冷、热应激为控制范围，并以此来设计配置通风、降温与供暖系统的设备类型及容量等；光照管理更是以保持鸡群高产为目标进行设计与运行控制；有害气体及湿度管理等也是以不影响肉鸡的生产性能来制定设计和运行标准。这种环境管理的目标可以保持鸡群的较高生产性能，达到高产出的目的。

（三）追求肉鸡养殖效益最大化

环境调控的目标不应单纯追求最高的肉鸡生产性能，而同时要看投入产出比，尤其要考虑能源投入。因此，采用节能的环境控制技术，确保鸡群健康和较高的生产性能，综合考虑投入与产出的关系，调节环境控制参数，才能实现养殖效益最大化的目标。

二、肉鸡饲养环境控制管理的基本要求

（一）温湿度管理的基本要求

鸡感受到的温度为环境温度、湿度与风速三者综合作用的结果，即体感温度，又称有效温度。鸡体根据体感温度进行热调节，从而影响肉鸡的健康和生长。温度、湿度是现场环境管理的重要内容，与之相关的管理内容包括：鸡舍建筑的保温与密封，鸡舍供暖方式，降温措施如湿帘降温、喷雾降温与加湿等。鸡舍体感温度管

理的要求为鸡感到热舒适，这一点从鸡群分布状态可以反映出来（图 4-1）。通常体感温度适宜时，雏鸡的分布均匀，呼吸平和，饮食和饮水正常，睡眠安静；如果鸡群扎堆、靠近热源，则说明体感温度较低；如果鸡群分散、远离热源、饮水量增加、张嘴呼吸，则说明体感温度过高，此时要根据鸡群的表现来调节鸡舍的温度。

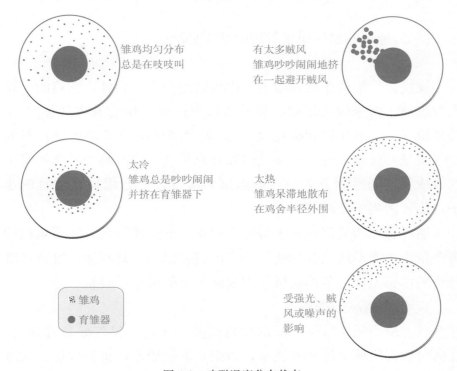

图 4-1　鸡群温度分布状态

温湿度管理要点：

（1）通过观察鸡群分布和状态，而不是温度计上的温度，来判断环境温度是否适宜。

（2）一定要保证鸡群最低的温度要求。

（3）注意昼夜温差、鸡舍前后温差、风速变化引起的温差等对鸡群的影响。

（4）控制好肉鸡各生长阶段温度的平稳变化。

（5）控制好气候突变造成的舍温骤变，如果出现忽冷忽热的情况，则极易造成应激现象，进而导致免疫或用药失败。

（6）免疫时可以适当提高舍温 0.5～1℃。

（7）不能忽视湿度管理，鸡舍内的相对湿度至少应该控制在45％～65％。

（二）通风与空气质量管理的基本要求

规模化、集约化的养殖场，内场密度较大，另外，肉鸡的生长发育迅速，新陈代谢旺盛，易导致每天产生大量的有害气体（主要是氨气、二氧化碳和硫化氢）。肉鸡舍通风的要求是保证良好的空气质量，排出水分、有害气体和补充氧气，降低鸡舍异味和有害气体浓度，同时调节鸡舍内的温度和湿度，使之维持在适宜的水平，改善肉鸡生长环境。

通风管理的关键点在于做好不同季节的通风管理，实现鸡群的高产稳产，换季通风管理要缩小舍内昼夜温差，夏季通风管理要降低鸡的体感温度，冬季通风管理要满足鸡的最小呼吸量。

1. 最小通风管理要点

（1）最小通风量是鸡群的维持需要，无论外界气候条件如何，任何时候都应给予最小通风量，否则鸡群健康难以得到保证。采取5min 一个循环。

（2）评价最小通风设定是否适宜的唯一方法是观察与评估鸡群的行为。

（3）最小通风由定时钟控制，而不是由温度控制。

（4）达到正确的工作负压，进入的空气以较快的风速到达鸡舍屋顶中央的位置非常关键。

（5）所使用的进风口应该均匀地分布于鸡舍。

（6）在最小通风期间，纵向通风进风口必须关闭良好，以防止漏风。如果做不到这一点，就会造成漏风而使鸡舍负压下降，对最小通风造成负面影响。

2. 过渡通风管理要点

（1）过渡通风是指鸡舍温度上升超过理想的设定温度时，为了排出鸡舍内过多的热量转而由温度控制通风的过程。当外界温度过低或者低日龄雏鸡不足以使用纵向通风的情况下使用。

（2）在最小通风和纵向通风之间采用，侧墙风机和部分纵向风机会启用，侧墙进风口开启。进风速度同最小通风。排风速度为每2min换完鸡舍空气。

（3）评价过渡通风设定是否适宜的唯一方法是观察与评估鸡群的行为。

（4）在过渡通风期间，纵向通风进风口必须关闭良好，以防止漏风。如果做不到这一点，就会造成漏风而使鸡舍负压下降，对过渡通风造成负面影响。

3. 纵向通风管理要点

（1）当过渡通风不能确保鸡群舒适的情况下才使用纵向通风。通常在高温季节以及大龄鸡群使用纵向通风。这时至少会有50％的纵向风机开启，侧墙进风口全部关闭。

（2）由于年轻鸡群比年龄较大的鸡群能感觉到更大的风冷效应，因此年轻鸡群采用纵向通风时应特别注意。

（3）评价纵向通风设定是否适宜的唯一方法是观察与评估鸡群的行为。

（三）光照管理的基本要求

光照对肉鸡的生长发育以及增重影响较大，良好的光照管理可以调节肉鸡骨骼、肌肉和羽毛的生长。在现代养鸡生产中对光照的控制主要从光照时间、光照度、光的颜色和光照均匀性几个方面考虑。

光照管理要点：

（1）尽量采用简单的光照程序，一般在每24h内仅设定一段黑暗期。

（2）连续的或近乎连续的光照程序不是最佳的光照程序。在进雏后的第1天要提供24h的光照，保证鸡群进食和饮用足够的饲料和水。第2天至鸡体重达到160g前，每天1h黑暗期；体重大于160g后，逐渐延长黑暗期，提供4～6h的黑暗期有利于提高后期生长速度、饲料转化效率，减少发病率和死亡率，而且是肉鸡正常行为所必需的。

（3）在第2天晚上设定关灯时间，关灯时间一旦设定，就绝对不能改变。为鸡群确定关灯时间后，可以调整的只能是开灯的时间。

（4）允许鸡自由采食，确保它们在进入黑暗期时已吃饱喝足，并且在光照恢复时立即重新提供食料和饮水。这有助于预防脱水，降低应激。

（5）每周应根据鸡的平均体重调整光照程序。

（6）如果遇到应激或其他需要增加采食的情况，可以延长采光刺激采食。

（7）在出栏前要减少黑暗期，如出栏前3d将光照时间延长到23h。

（四）饲养密度管理的基本要求

肉鸡养殖的饲养密度一般较大，但也要控制在适宜的范围。如果密度过大，易导致舍内温度过高，湿度过大，不利于散热和排湿，还易导致有害气体的浓度升高，病原微生物大量繁殖，影响肉鸡的健康；如果饲养密度过小，则会造成资源的浪费，增加生产成本。因此，要根据鸡群的生长发育阶段、养殖季节、设备条件、饲养管理水平来合理调整鸡群的饲养密度。

第二节　肉鸡饲养环境管理案例

一、河北恩康牧业有限公司

（一）基本情况

视频 1

1. 企业概况　河北恩康牧业有限公司始建于 2014 年 12 月，是一家集白羽肉鸡养殖、兽药研发、生产及销售为一体的综合性大型农牧企业。公司是农业农村部首批百家"兽用抗菌药使用减量化试点企业"之一，先后获得"国家级标准化示范场""河北省扶贫龙头企业""河北省肉鸡标准化示范场"等荣誉称号。

该公司实行"场长负责制"，严格落实"一保障、五统一"管理模式。一保障：与中国农业大学、河北农业大学、河北省畜牧兽医研究所等科研院所建立长期合作关系，对疫病防控、饲养管理、粪污处理、生物安全等方面进行研究。五统一：统一鸡苗（与山东民和牧业股份有限公司深度合作）；统一饲料（与大午饲料集团签订合约）；统一防疫程序（孵化场首日龄喷雾免疫，无菌环境操作，高免疫保护率）；统一设施、设备（立体笼养，国内最先进自动喂料、自动饮水、智能环控、自动清粪系统等）；统一销售（禾丰牧业集团订单生产）。在生产管理中，公司严把"品控五道关"：源头关——先进设备、品质鸡苗、专用饲料、合理用药；生产关——科学体系、规范流程、标准作业、精细管理；保健关——适宜福利、降免应激、高效防疫、机体健康；环境关——源头预防、过程控制、末端利用、生态养殖；检验关——质量检验、数据管控、责任到人（图 4-2）。

图 4-2　河北恩康牧业有限公司外景

2. 肉鸡饲养概况　河北恩康牧业有限公司累计投资 2.16 亿元，创建了 14 个肉鸡养殖基地，现有员工 158 人，平均年龄 36 岁。肉鸡出栏总量达 2 400 万只，总产值 5.96 亿元（图 4-3）。

图 4-3　肉鸡场布局及近景

（二）鸡舍饲养环境及其控制

1. 饲养设施　肉鸡饲养采用 H 型三层和四层叠层式笼养，配有自动喂料、自动饮水、智能环控、自动清粪系统。各通道间距适合于巡查、免疫、清扫等作业。

视频 2

（1）饲喂设施　舍内采用行车式喂料线，下料口均可调节，下料量均匀，每日耗料量自动记录在农场管理系统，输料线配备故障急停和报警系统（图 4-4）。

图 4-4　叠层式自动饲喂系统

（2）饮水设施　养殖场供水管网采用无毒管道铺设，供饮水系统包含成套净水设备、水表、过滤器、自动加药器、饮水管、乳头饮水器、接水槽（杯）、调压阀、水管高度调节器等，水线液位显示。每栋操作间有一个饮水大桶和一个全自动加压泵，会根据水压自动往鸡舍水线输送水。三层立体养殖每栋鸡舍有 21 条水线，每条水线穿插每一单排笼子，每个笼子内有 3 个水嘴（图 4-5）。

视频 3

（3）清粪设施　鸡舍内采用传送带式清粪方式，并配置机械化、联动式中央输粪系统。

99

图 4-5　水线供水设施
A. 储水箱　B. 水线　C. 饮水器

　　清粪系统由控制箱、电机、滚轴、刮板、挡粪帘布、粪带松紧调节器、三层立体养殖纵向集粪传输带 21 条、横向传输带 1 条、斜向传输带 1 条和中央传输带等组件构成。清粪时，通过中控系统实现各组传送带联动传输，中央输粪带或斜向输粪带将鸡粪集中传输到专用运输车转运出场（图 4-6）。

视频 4

图 4-6　传送带清粪系统
A. 舍内纵向传输带　B. 横向传输带　C. 舍外斜向传输带

2. 环境控制设施

　　（1）温度控制　鸡舍配置中央温控系统，根据鸡群日龄、存栏量、目标温度值等进行温度设定，通过调节配套的温控设施实现温度自动调节，即实现侧窗、湿帘、风机、加热器的联动调节。温控设施配套包括：鸡舍墙面、房顶为保温隔热材料，两侧散热片，前端山墙和侧墙安装湿帘，侧墙上部安装通风小窗，鸡舍尾端山墙装风机，舍内前后、左右、上下各区域配备温（湿）度传感器，传感器信号传输至中央温控系统，实现数据采集和调控。当温度过高时，则启动降温系统，以纵向通风为主，快速带走热量，温度进一步升高则启动湿帘或喷雾降温系统，以达到降低舍温的目的；当温度过低时，根据传感器监测数据和预设值，启动加热系统。舍内每隔 4 m 配置1 个散热片，每侧 23 个，两侧共计 46 个。温度开始控

视频 5

制在 35℃，第 7 天降到 29.5℃，第 14 天降到 28.5℃，第 21 天降到 27℃，第 28 天降到 25℃，第 35 天降到 23℃，出栏日期控制在 19～20℃（图 4-7）。

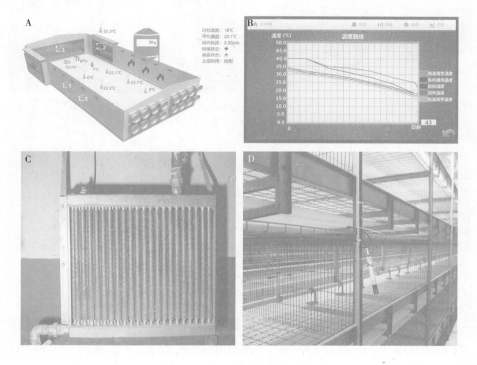

图 4-7　鸡舍温度控制系统
A. 鸡舍整体控制过程　B. 温度曲线　C. 散热器　D. 温湿度传感器

（2）通风控制　通风控制主要通过中央温控系统根据鸡群日龄、存栏量、目标温度值，控制排风风机、通风小窗、降温湿帘、

通风管道的启停，实现为鸡舍提供新鲜空气、排出废气、调控湿度、排出多余热量的目的。通过温度和时间控制风机启停，温度过高或达到设定时间，风机会自动启停，进行降温或换气，每个鸡舍山墙设置 25 台风机，每侧墙每隔 1m 配置通风侧窗，每侧墙 42 个侧窗，两侧墙共 84 个侧窗。通风管道每隔 1m 设置 1 个出风口，两个共设置 78 个出风口（图 4-8）。

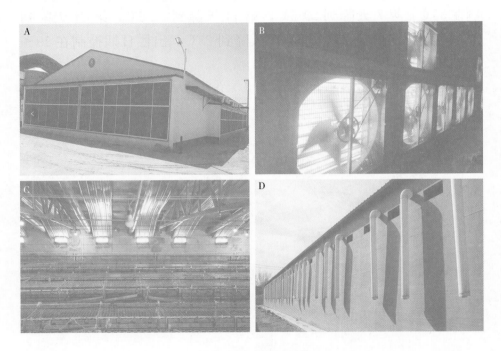

图 4-8　鸡舍通风系统
A. 湿帘　B. 风机　C. 侧窗　D. 通风管道

（3）光照控制　鸡舍照明系统主要通过光照控制系统控制舍内光源的定时开关及光照度，并且依据鸡群日龄等进行光照度的调节。舍内光源采用禽类专用防水直流可调 LED 灯带，灯带间距均匀排布于笼子顶部，以保持不同笼层间光照的均匀度（图 4-9）。

（4）消毒设施　养殖生产区的消毒包括进入场区的车辆、人

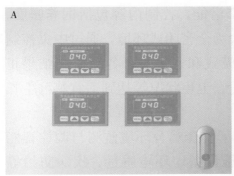

图 4-9 鸡舍光照控制系统
A. 光照控制器 B. 光照灯源

视频 6

员、物资消毒和鸡舍内外环境喷雾消毒。进场车辆进入消毒棚，车轮浸入消毒池，两侧喷雾系统自动启动，对车体车身全面消毒，过程持续 45～60s；人员入场前需洗澡更衣和超声波雾化消毒；进场物资由臭氧消毒机和紫外线消毒柜进行定时消毒，一般消毒时长 30min 以上。鸡舍内消毒采用移动式喷雾消毒机喷雾消毒和熏蒸消毒（图 4-10）。

图 4-10 鸡场消毒设施
A. 进门消毒 B. 厂区消毒 C. 舍内消毒

（三）现场生产效果

1. 鸡舍环境控制效果 鸡舍环境控制的目标是为鸡群创造良

103

好的生产环境，以发挥最大的生产潜能，控制内容包括饲养密度、光照、温湿度、空气质量等。鸡舍为全密闭式环境，通过中央控制器控制不同季节舍内温度、通风模式和通风量，各项监测结果正常，鸡舍内温度、湿度、氧气含量、卫生状况等达到适宜鸡群生长的条件。

2. 鸡群生产性能　公司形成了整套鸡舍环境监测与调控智能化关键技术，解决了鸡舍配套设施设备、环境质量、疾病防治等问题，降低死淘率，减少饲料消耗。通过现代信息技术有机融合肉鸡养殖设施与环境装备，构建了规模化肉鸡舍环境多参数精准、连续监测、调控技术体系和精细化饲养管理信息交互平台，提升了肉鸡标准化养殖环境调控智能化水平。肉鸡成活率可高达97%，41d的平均体重可达2.75kg，料重比1.47左右。

二、河南大用（集团）实业有限公司

（一）基本情况

1. 企业概况　河南大用（集团）实业有限公司创建于1984年，是一家集畜禽良种繁育、养殖、饲料生产、食品研发加工、冷链销售、物流配送、兽药疫苗研发生产、包装彩印为一体的大型民营企业。公司下设鹤壁、焦作、周口、开封四大产业基地，大用食品是中国名牌产品、全国肉类工业影响力品牌，"大用"商标是河南省著名商标。公司是农业产业化国家重点龙头企业，全国农产品加工示范企业、全国主食产业化加工示范企业等，其家禽养殖加工规模居全球50大家禽企业第17位（源自2018年国际家禽数据），亚太家禽企业25强第4位，带动周边农户3万余户。

视频7

河南大用（集团）实业有限公司从 1996 年发展肉鸡产业化开始，坚持专业化、规模化、标准化的体系建设，形成了稳定、可控的产业基地，实现了差异化战略，形成了自己独特的核心竞争力。

实施标准化的"八统一"模式建设：统一供应鸡苗、统一配送饲料、统一控制畜禽用药、统一进行畜禽免疫、统一出栏运输、统一屠宰、统一进行厂区消毒管理、统一发放生活物资及设备维修。实行"八统一"生产模式，提高了生产效率，增强了生物安全防范能力，降低了养殖户对技术的依赖性，为规模化养殖找准了方向（图 4-11）。

图 4-11　企业概况

2. 种鸡和商品鸡饲养概况　河南大用（集团）实业有限公司共有 4 个肉鸡饲养基地，科宝父母代肉鸡存栏 80 万套，拥有 4 个配套孵化场和年产饲料合计 3 万 t 的饲料厂 4 座。现有笼养肉鸡舍 130 栋，分别为 120m×18m（长×宽）和 120m×27m（长×宽）两种规格的鸡舍，单栋饲养量 4.5 万～6.6 万只，年出栏规模 8 000 万只。

建立有生产技术质量管理中心及实验室，配比由超高效液质-液相色谱仪、高效液相色谱仪、百级无菌室、动物隔离器等设备，对父母代种鸡饲养管理、种蛋孵化、商品代肉鸡饲养管理、饲料原辅料验收生产、屠宰加工等整个产业链进行监控、检测，保证整个

产业链的生物安全和食品安全（图 4-12）。

图 4-12　企业内部设施

（二）鸡舍饲养环境及其控制

1. 饲养设施

（1）笼具设施　采用镀锌材质 3 层框架式笼养肉鸡模式，每笼 22 只，面积为 0.9 m×1.2m（图 4-13）。

图 4-13　笼　具

（2）饮水设施　鸡群饮水采用地下水，全部采用乳头式饮水，饲养全程饮水添加氯制剂或酸化剂（饲料级乳酸，水质 pH 在 4.5～5.5），水质氧化还原电位值 550mV 以上，保证水质的洁净度。每周使用高压喷枪冲洗水线 2 次，保证水线管道的清洁（图 4-14）。

图 4-14　饮水设施

（3）清粪设施　鸡舍内采用传送带式清粪方式，每层鸡笼下方都有传送带，鸡粪通过鸡舍的纵向传送带输送至鸡舍后端，再通过横向输送到运输车上，每栋鸡舍共有 27 条纵向粪带、1 条横向粪带和 1 条斜向清粪带（图 4-15）。

2. 环境控制设施

（1）温度控制　采用 PLC 全编程监控系统，对鸡舍温湿度技术参数及风机、通风口等设备运行建立数据库，

图 4-15　清粪设施

实行自动化控制。每栋鸡舍配备 2 个配电盘，用于控制鸡舍风机运行、小窗开口大小、温湿度探头、负压探头、加热装置、水帘泵等设备。根据外界环境变化和不同日龄、体重及鸡群数量，自动调整舍内环境，满足鸡群生长需要（图 4-16）。

（2）通风控制　通过 PLC 自动化环境控制系统，根据鸡群日期输入通风参数，由电脑通过温湿度传感器反馈数据，自动控制风机循环周期和启动数量及小窗开口大小（图 4-17）。

（3）光照控制　每栋鸡舍采用 20 W 白炽灯和 LED 灯带进行

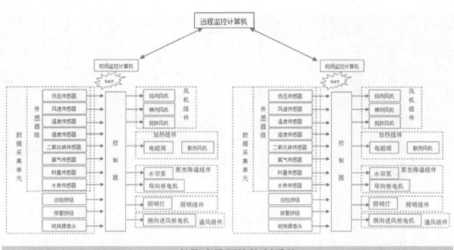

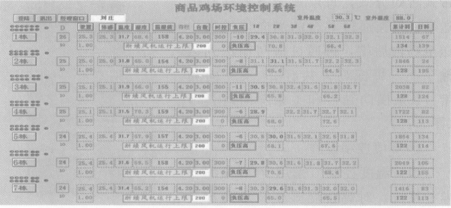

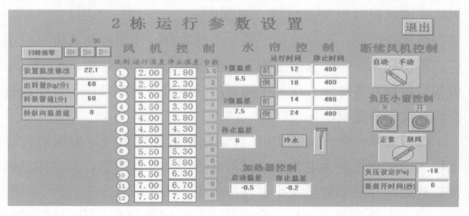

图 4-16　温度控制系统及配套设施

经理设置窗口	1栋	2栋	3栋	4栋	5栋	6栋
体重近似值	0	0	0	0	0	0
风机效率(万)	0	4	4	4	4	0
循环周期(秒)	200	220	220	220	220	200
通风系数数	0	0.9	0.9	0.9	0.9	0
每日脱温值	0	0	0	0	0	0
增加比温差	0	1.5	1.5	1.5	1.5	0
湿度补下限	20	50	50	50	50	20
湿度补上限	50	63	63	63	63	50
高温补系数	0	0.1	0.1	0.1	0.1	0
低温补系数	0	0.13	0.13	0.13	0.13	0
加级延时(分)	0	0	0	0	0	0
减级延时(分)	0	0	0	0	0	0
目标温度	10	22	22	22	22	10

图 4-17　通风控制系统

光照控制，育雏期（0～7d）采用 40～60lx 光照度，其他日龄采用 5～10lx 光照度（图 4-18）。

（4）消毒设施　养殖场消毒通道配备有脚踏消毒盆、更衣柜、

图 4-18 光照控制

热水器或同类热水装置、淋浴间、喷雾消毒设施等设施；饲养期间未经同意任何人不准进场。配备有车辆消毒机，对进出车辆严格消毒，防止交叉污染；饲养期间除配送车辆和饲料车辆外，其他车辆不允许进入场区（图 4-19）。

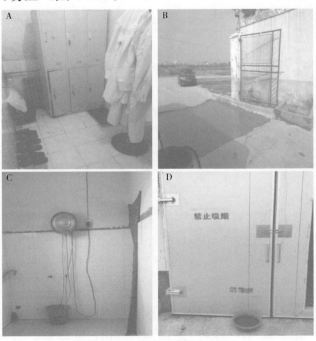

图 4-19 人员更衣及车辆消毒设施
A. 更衣室 B. 车辆消毒通道
C. 喷雾消毒设施 D. 进场前脚踏消毒设施

（三）现场生产效果

1. 鸡舍环境控制效果　通过 PLC 自动化环境控制系统，实现了远程控制，并建立有环控系统监控室，由环境控制技术人员 24h 监控鸡舍温湿度参数和系统运行情况，保证给鸡群提供适宜的生长环境。

2. 鸡群生产性能　鸡群各项体征良好，生产成绩稳定，达到预期。全年欧洲效益指数提高 50%，料重比降低 0.15，成活率提高 2.7%。

三、山东庄氏农业科技有限公司

（一）基本情况

1. 企业概况　山东庄氏农业科技有限公司成立于 2014 年 6 月，是一家以脱毒种苗繁育、草莓种植、蔬菜种植、肉鸡养殖、农产品初加工、有机肥生产、技术服务为一体的生态循环农业示范企业。

该公司主要有农业研发、种苗扩繁、草莓观光采摘、有机蔬菜种植、生态肉鸡养殖、有机肥生产六大产业。可年产脱毒草莓原种苗 20 万株、各类瓜菜种苗 800 万株、优质果蔬种苗 1 000 万株、有机蔬菜 3 000t、年出售肉鸡 500 万羽、年产优质生物有机肥 3 万 t。

该公司与山东农业大学、青岛农业大学、临沂大学、山东省农业科学研究院、安徽省农业科学研究院、临沂市农业科学研究院建立了产学研合作，他们的先进科研成果可以在园区转化，公司新建标准化笼养鸡舍 29 栋，在饲养设备的选择上优中选优，配备全自动喂水喂料系统、智能化环境控制系统，生产上实行健康高效养殖肉鸡，形成单批次 80 万羽的肉鸡养殖规模。产生的鸡粪直接运到无害

化处理车间生产有机肥，可以满足周边种植大户对优质有机肥的需要，同时可以为省内外客户提供质量安全可靠的生物有机肥（图4-20）。

图 4-20　场区实景

2. 肉鸡饲养概况　山东庄氏农业科技有限公司现建有 2 个养殖基地共 29 栋鸡舍，肉鸡年出栏超过 500 万只，每个鸡舍均采用国内先进的自动化肉鸡笼养设备，配套智能化环控控制系统，同时配备农场大数据管理系统。该公司从事肉鸡饲养 6 年多，每年出栏 6.5～7 批次肉鸡，自建生态循环模式，采用全程可追溯质量管理体系，从生物安全、鸡苗品质控制、原料采购、饲料评估、动态精准营养、药品监管、厂区环境控制、鸡舍小环境控制、实时报警、饲养管理、废弃物处理、动态疾病监测、疾病诊断、粪污处理、有机肥还田等关键点进行全方位管控，让鸡群精准摄取营养，保持生长环境舒适，并建立无抗养殖保健方案，提高肉鸡免疫力，为生产安全鸡肉制品提供优质肉鸡。该公司的肉鸡产品获得绿色食品认证（图4-21）。

图 4-21　鸡舍布局与生产区实景

（二）鸡舍饲养环境及其控制

1. 饲养设施

（1）笼具设施　肉鸡饲养采用 H 型叠层式笼具，笼具为 3 层 8 列，每个笼 105cm×90cm，放 19 只鸡，材质镀锌防锈，结构稳定，使用寿命大于 15 年，下层顶网与上层清粪带的高度大于 10cm，各通道间距一般为 1.0～1.2m，每栋鸡舍配套热镀锌钢板料塔 1 个，每个料塔贮料量 15t；舍内采用行车式喂料线，下料口均可调节，下料量均匀，每日料耗量自动记录在农场管理系统中，输料线配备故障急停和报警系统（图 4-22）。

图 4-22　笼具与喂料系统

（2）饮水设施　肉鸡饮水采用深层地下水，有两眼深水井，井深 100m，同时配套自来水系统，水质符合人饮用水标准，水样定期送检。供水管网采用无毒管道铺设。供饮水系统包含供水设备、水表、过滤器、自动加药器、饮水管、360°饮水乳头、接水槽（杯）、调压阀、水管高度调节器等，水线液位显示，饮水量数据自动传输到农场管理系统。水压调节保持鸡舍总水压 0.3MPa 以上，水线乳头出水量在 60mL/min 左右（图 4-23）。

（3）清粪设施　鸡舍内采用传送带式清粪方式，并配置机械

图 4-23　舍内饮水设施

化、联动式中央输粪系统。清粪系统由控制箱、电机、滚轴、刮板、挡粪帘布、粪带松紧调节器、纵向集粪传输带、横向传输带、斜向传输带和中央传输带等组件构成。清粪时，通过中控系统实现各组传送带联动传输，中央输粪带或斜向输粪带将鸡粪集中传输到鸡舍外，由专用运输车转运出场（图 4-24）。

图 4-24　传送带清粪系统

2. 环境控制设施

（1）鸡舍基本概况与设备配置　鸡舍长度为 80m，宽度为 16m，每个鸡舍配备 16.5m 排风扇 15 个，通风小窗 88 个，规格为 30cm×60cm，每个鸡舍配备通风管 40 根，直径 20cm，每根通风管设置直径为 2.5cm 的通风口 68 个。每个鸡舍水帘面积为 112m²，配备空调式加热器 12 个（图 4-25）。

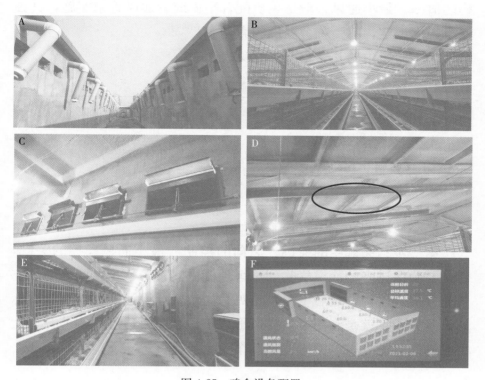

图 4-25　鸡舍设备配置
A. 鸡舍外通风设备　B. 鸡舍通风管　C. 鸡舍内小窗
D. 通风管上的通风口　E. 空调式加热装置　F. 智能化环境控制器

（2）通风管理及实施原则　控制鸡舍内环境以获得最佳肉鸡生产能力是肉鸡生产成功的关键因素；通风做得好，则饲料转化效率高，肉鸡生长速度快，死淘率低，弱鸡少，否则鸡群生产力低。最小通风作为在肉仔鸡阶段和天气寒冷期间的重要通风方式，在通风管理中起着至关重要的作用。

最小通风指能恰好维持鸡舍的空气质量，尤其是要求 4 个重要指标（氨气、湿度、灰尘、二氧化碳）在规定的范围之内，能够满足肉鸡机体正常生产需要而保证优异生长性能的通风过程。这个过程是动态的，会随着外界天气的变化、鸡群日龄的增长等发生变化。良好的最小通风管理可以保证肉仔鸡不会受到冷应激，降低发病的概率。最小通风一般是风机配合小窗或者通风管来实施，其独立于温度设定，不受鸡舍温度的影响。

最小通风中的几个重要指标见表 4-1。

表 4-1　最小通风的重要指标

氧气浓度	$>19.6\%$
二氧化碳浓度	$<5\ 892mg/m^3$
一氧化碳浓度	$<12.5mg/m^3$
氨气浓度	$<7.59mg/m^3$
可吸入微粒浓度	$<3.4mg/m^3$
相对湿度	$45\%\sim65\%$

最小通风的 9 个关键控制点如下。

第一步：关键中的关键，风向的控制　最小通风操控的关键，就是要确保进来的冷空气吹到鸡舍顶棚中间，与蓄积在此处的热空气充分混合均匀，之后下落带走鸡舍内湿气。而最能够达到此目标的设置方式，就是利用风扇排风形成负压，通过边墙可调节开口大小的进风口进气来调整进气量（图 4-26）。

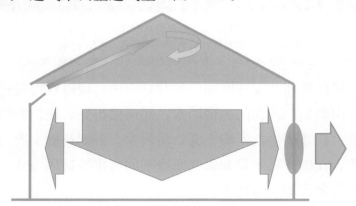

图 4-26　风向控制示意

肉鸡场应把防止冷空气降落在鸡身上作为重要工作，通过调整风机、调节通风小窗开口角度、控制进风管风速等措施，保证合理的风向。

第二步：根据鸡舍不同宽度选择合适风速及负压　目前现代化

的鸡舍都是负压控制，合理的负压范围可以保证进来的风速、落点等合适。一般选择负压是 12～25Pa，如果负压过高，进来的风速过快，在鸡群中没有新鲜的空气交换，此时应从以下几个角度思考问题：进风口是不是过小，是否有堵塞，风机是不是过多，通风模式是否适合等。如果负压过低，进来的风速小，湿冷的空气会直接吹到鸡身上，带来冷应激，此时是从以下几个角度思考问题：鸡舍密封是否完整，风机的皮带是否合适，涨紧轮是否调整，百叶窗和蝴蝶叶关闭是否完全，是否需要复核通风模式、增加风机等。合适的负压对于现代化肉鸡舍通风非常重要。

第三步：最小通风循环时间的设定　最小通风的操控，是以鸡舍空气指标为标准，通过定时器来控制。实践发现 5min 循环是比较合适的循环时间，可以让鸡舍内的温差控制在 2℃左右，根据鸡舍的 4 个关键空气指标（氨气、湿度、灰尘、二氧化碳）调整开关时间，保持鸡舍良好的空气环境（图 4-27）。

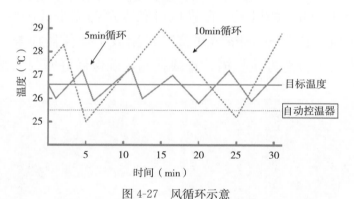

图 4-27　风循环示意

第四步：通风成功的关键，做好鸡舍密封　现代化鸡舍的通风管理，要求风从正确的地方进合适的风量，所以密封非常重要。需要从以下几个方面注意做好鸡舍密封。

（1）屋檐与墙体的交接处一旦出问题，会出现严重的漏风。

（2）水帘大板处，这个地方面积大，容易出问题，如果后进风口密封不严密，鸡舍前 30m 左右的温度很难控制，温差也大。

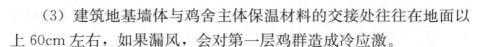

（3）建筑地基墙体与鸡舍主体保温材料的交接处往往在地面以上60cm左右，如果漏风，会对第一层鸡群造成冷应激。

（4）鸡舍后面山墙和鸡舍后2间一般都是采用排风扇通风，要保证排风扇的百叶窗开关自如，同时在肉鸡日龄小的时候和冬季寒冷的时候要对不用的排风扇用厚度5cm的保温板进行密封。

（5）冲洗鸡舍完毕后要及时用水泥密封排污口，此处如果漏风会让肉鸡腹部受凉。

（6）小窗边沿密封不好会让风从缝隙中进入鸡舍。

（7）清粪传送带往往漏风非常严重，也容易被忽视，因此在不清粪的时候要用合适的挡板密封。

（8）其他漏风的地方，如墙体裂缝、鸡舍前后门、保温板之间的缝隙等，需要全面检查，确保密封良好。在检查完毕后，大的缝隙可以用水泥，泡沫胶等密封，小的缝隙可以用密封胶密封，水帘后进风口、排风扇等用保温板密封。在做好密封的同时，可以尝试开启两台9 000Pa的风机，在进风口和水帘都完全关闭的情况下，负压显示应该在30～38Pa或更高，采用数字化仪器检查，还可以用热成像仪进行全方位扫描，查缺补漏，确保做好密封（图4-28）。

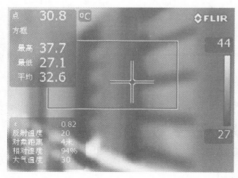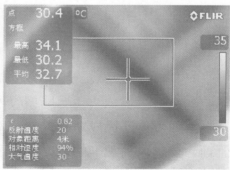

图4-28　热成像图

第五步：良好通风的基础，进风口的管理　进风口是保证最小通风正确进风的设备，有两种进风方式，一种是通风小窗；另一种是通风管。

（1）对于通风小窗的管理，要求开关一致，不管在哪个通风级别，小窗之间的开口差距不能超过0.5cm，关的时候能完全关闭，定期检查拉筋和小窗拉绳的松紧度，定期检查配重和伸缩弹簧的弹性，确保小窗开口一致，关闭一致。

（2）目前肉鸡行业通风管的直径一般是20cm。通风管在不用的时候，要认真检查每根管外面的盖子是否密封完好，在通风使用的时候要确保盖子打开。在打孔的时候，孔的直径一般是2.5～3.2cm，并确保孔的方向朝10点钟和2点钟方向，定期清理灰尘，以防堵塞。

第六步：负压传感器的管理　肉鸡舍通过排风扇向外排风，鸡舍形成负压，外界的风通过进风口进入鸡舍。负压不合适会影响排风扇效率，负压过大还会给生长过快的肉鸡形成压力；负压过小则空气混合不均匀，容易造成冷应激，所以精确测量负压很关键。环境控制器的负压传感器一端放在鸡舍外面，另一端放在鸡舍中间，为避免鸡舍内的苍蝇、灰尘等影响传染器的正常工作，可以做一个小盒子，把传感器放在里面，从盒子上面进入、下面打孔，这样可以保证传感器的稳定性。同时应定期用电子负压仪器进行校准，确保负压传感器测量准确。

第七步：设定通风级别表　设定通风级别表是通风的核心，应首先熟悉鸡舍通风设备，测定每个风扇的实际排风量，根据鸡舍排风扇的数量与位置及目标温度，确定每个级别的排风扇数量，同时设定好级别温差，在排风扇运行的同时，根据鸡群表现调整级别温差。根据不同温度传感器的数值调整排风扇的开启位置，全部设为自动运行以后，根据鸡群表现实时调整。通风级别表的设定非常重要，是通风中环境控制器的核心，需要十分重视（图4-29）。

视频8

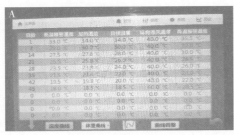

图 4-29　通风级别表的设定
A. 温度数值　B. 设定通风级别表

第八步：用数字化工具复核环境控制指标　鸡舍正常通风后，应用数字化工具对通风过程进行动态监控，通过测量进风口风速、氨气浓度、温湿度、粉尘含量、二氧化碳浓度、负压等数据，观察鸡群表现，继续调整，直到鸡群表现出舒适状态（图 4-30）。

图 4-30　数字化工具
A. 氨气测定仪　B. 二氧化碳测定仪

第九步：烟雾试验验证　在进鸡之前、调整完通风以后，会进行烟雾试验，如果烟雾走向不合适则继续调整；在进鸡后，如果发现通风不合适，应进行验证，通过烟雾试验找到正确的通风模式（图 4-31）。

120

图 4-31　烟雾试验

（3）过渡通风管理及实施原则　随着鸡群日龄的增大或天气的转暖，在不同的时间段会逐渐转为过渡通风。对于肉鸡而言，过渡通风是 4 种通风方式中最舒服的通风方式，最小通风空气质量不会太好，纵向通风风冷效应会带来体感温度的不舒服，水帘降温湿度的变化带来湿热的感觉；而过渡通风空气质量好，没有太强的风冷效应，可以让肉鸡在比较自然舒适的环境中自由采食、饮水、正常生长。过渡通风的最主要目的是排除鸡舍多余的热量，防止热量蓄积，能够更精确地控制鸡舍环境。

实际生产中，需要在合适的压力下调整和风机相匹配的进风口，设定好级别温差，通过观察鸡群，变化通风级别，让鸡群处于最舒服的体感温度中，发挥最大的生长潜力。

（4）纵向通风管理及实施原则　随着鸡群日龄的继续增大，气温的升高，过渡通风逐渐不能满足降温的需求，此时需要开启纵向通风，关闭鸡舍所有小窗和通风管，让风从水帘后进风口进入，利用高速气流的制冷效应使肉鸡体感舒适。

在判断是否采用纵向通风时，应先观察鸡群，如果发现鸡舍内有 15％以上的鸡群在过渡通风最大级别有热的表现时，则尝试进入纵向通风。例如，当过渡通风最大级别开 8 个风扇，在进入纵向通风时可以减少 1 个风扇，让鸡群先适应低风速，然后通过级别温差逐渐增加风扇，这样不至于因风速突然增加给鸡群带来应激。在实施纵向通风时，应检查鸡舍的密封是否完整，小窗和通风管是否完全关闭，并重点检查排风扇皮带、涨紧轮、百叶窗是否在正常工作状态，以及纵向方向有无障碍等，过道的最大风速是否超过 3.5m/s。同时注意水帘面积和后进风口的匹配，在全部风扇开启的时候，负压要求控制在 25Pa 以下，过高的负压会影响排风扇效率和使用寿命。

（5）湿帘降温通风管理及实施原则　如果在纵向通风全部风扇开启时，鸡群依然有热的表现，则应配合湿帘降温。每个鸡舍配备 15cm 厚的湿帘纸 112m²，水分蒸发时带走热量。湿帘降温是在天气炎热时的有效降温方式。

在实施湿帘降温时，应考虑湿帘面积是否足够。根据实践，对于厚 15cm 的湿帘，在 25Pa 的负压下，湿帘过帘风速 2m/s 更能发挥其降温效率；同时应注意湿帘的卫生，防止因长时间使用而堵塞和生长青苔，应定期用消毒剂清洗（图 4-32）；还应检查湿帘出水口是否通透，防止不能完全打湿湿帘；在水泵的开启时间应根据天气情况，调整开启与关闭的时间，让水泵有开有关，进而让湿帘有干有湿（图 4-32）；在湿帘水温控制方面应使用常温水（28℃左右），保证蒸发降温效率。

（6）光照控制　主要通过光照控制系统控制鸡舍内光源的定时开关及光照度，并且依据鸡群日龄等对光照度进行调节。鸡舍内光源采用禽类专用防水可调 LED 灯，灯泡一般按间距 3m 均匀分布，配备手持式光照计，可实时检测舍内光照度，以根据鸡群生长情况合理调节光照（图 4-33）。

（7）生产有机肥　鸡粪含有丰富的营养，其中粗蛋白质 18.7%，脂肪 2.5%，灰分 11%，碳水化合物 11%，纤维 7%，氮 2.34%，磷 2.32%，钾 0.83%，经过深加工可以做成有机肥，有

图 4-32 湿帘上的青苔

图 4-33 鸡舍光照控制系统
A. 鸡舍光照控制器 B. 鸡舍光源

机质含量≥45％，氮磷钾含量≥5％。有机肥适用于多种经济作物，大大提高了经济作物的产量和品质（图 4-34）。山东庄氏农业科技有限公司有机肥生产设施配备齐全，现有厂房 3 500m²，千瓦变压器 1 台，450 kW 发电机组 1 台，11JF-20 无害化处理设备 1 台，SLMT-20 畜禽粪便发酵设备 1 台，SLMT-60 畜禽粪便发酵设备 1 台，YDO-600 粉碎机 1 台，同时配备其他配套设备，年生产符合国家标准的有机肥 30 000t。

图 4-34　生态循环模式有机肥

（三）现场生产效果

1. 鸡舍环境控制效果　鸡舍的温度根据肉鸡日龄控制，湿度在 $45\%\sim65\%$，氨气浓度低于 $7.59mg/m^3$，二氧化碳浓度低于 $5\ 892mg/m^3$，灰尘浓度低于 $3.4mg/m^3$，光照度根据标准程序调整。优异的环境控制为肉鸡健康生长提供了有力的保证。

2. 鸡群生产性能　目前山东庄氏农业科技有限公司每年肉鸡出栏 $6.5\sim7$ 批，平均成活率 97% 以上，FCR 在 1.5 左右，42 日龄体重在 2.8 kg 左右，取得了平均欧洲指数 430 以上的优异成绩。

四、河北玖兴农牧发展有限公司

（一）基本情况

1. 公司简介　河北玖兴农牧发展有限公司（以下简称"玖兴农牧"）总部位于河北省保定市定兴县，创建于 2001 年，前身为

"河北荣达畜禽有限公司"，2016年年底更名为河北玖兴农牧发展有限公司，下设河北玖兴食品有限公司、涿州晟发食品有限公司、保定玖瑞农业科技有限公司、玖兴农牧（涞源）有限公司、玖兴农牧阜平有限公司、周口玖兴种禽有限公司、沽源玖兴种禽有限公司等全资子公司。

多年来，玖兴农牧坚持术业专攻、"非鸡勿扰"的定力，艰苦奋斗、励精图治的精神，改革创新、锐意进取的魄力，实现了跨越式发展，建成了集饲料生产、种鸡繁育、雏鸡孵化、肉鸡养殖、屠宰加工、熟食加工、生物有机肥生产于一体的现代化企业。

玖兴农牧是国家农业综合开发产业化经营项目单位、河北省农业产业化经营重点龙头企业、河北省伊斯兰教协会监制的清真食品生产单位；公司生产的"玖兴鸡肉"通过农业农村部无公害产品认证，获得河北省著名商标称号，并连年被评为河北省消费者信得过产品。

玖兴农牧制定了"东退西进，产业扶贫，再造玖兴，实业报国"的战略，在保定市两个国家级贫困县——涞源县、阜平县，实行肉鸡养殖产业全覆盖，玖兴农牧分别与两个县签订协议，建设近千栋鸡舍，并建设与之配套的完整产业链（图4-35）。

图4-35　玖兴农牧外景

2. 种鸡和商品鸡饲养概况 玖兴农牧现有种鸡场 20 座，设计种鸡存栏量 150 万套；商品肉鸡场千栋鸡舍，设计年出栏量 2.6 亿只，预计 2023 年实现满产（图 4-36）。

图 4-36 商品鸡场布局

（二）鸡舍饲养环境及其控制

1. 饲养设施

（1）笼具设施 采用先进的 4 层高密度叠层式笼养设施，配备自动饲喂、自动饮水、自动清粪、自动环境控制系统、舍内空间利用率更高（图 4-37）。

图 4-37 叠层式鸡笼设施

（2）饮水设施　鸡群饮水采用深井地下水，井深 150～200m，鸡舍配有过滤器系统，保证水源清洁。鸡通过封闭式水线乳头系统饮水，避免环境对水质的污染（图 4-38）。

（3）清粪设施　鸡舍内采用传送带式清粪方式，鸡粪通过鸡舍的纵向、横向、斜向传送带输送至鸡舍外中央清粪带，再通过中央清粪带输送到专用粪便转运车，最后投入有机肥车间生产有机肥（图 4-39）。

图 4-38　水线供水设施

图 4-39　传送带清粪系统

2. 环境控制设施

（1）温度控制　鸡舍使用自动化环境控制器及温度报警装置，鸡舍前端和前端侧面共 3 个湿帘，每个鸡舍布置 3 个温度传感器并通过环境控制器设定舍内温度（图 4-40）。

视频 10

（2）通风控制　采用负压通风理念，鸡舍山墙设置 20 台风机，鸡舍每侧墙设置 50 个侧窗，两侧墙共 100 个侧窗，全自动环境控制器根据肉鸡不同日龄设置不同参数，自动运行通风系统（图 4-41）。

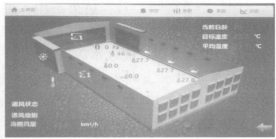

图 4-40　鸡舍温度控制系统

图 4-41　鸡舍通风系统

（3）光照控制　鸡舍有 6 排 1W LED 灯带，通过环境控制器自动完成启停（图 4-42）。

（4）消毒设施　人员消毒通道 2 个，人员入场和进生产小区均需进行消毒；人员进鸡舍前需洗手和脚踏消毒。车辆进场须经过车辆消毒池。舍内设置了消毒泵、消毒桶、消毒管和消毒枪，可以通过人工喷洒给鸡舍各个角落消毒（图 4-43）。

图 4-42　鸡舍光照控制系统

图 4-43　鸡场消毒设施

（三）现场生产效果

1. 鸡舍环境控制效果　各项监测结果正常，鸡舍内温度、湿度、氧气含量、卫生状况等达到适宜鸡群生长的条件。

2. 鸡群生产性能　鸡群各项体征良好，生产成绩稳定，达到预期。根据对 21 年批次养殖汇总结果，较其他厂区养殖日期缩短

1.6d，欧洲指数提高 8%，料重比降低 0.03%。

五、山东益圆农牧机械科技有限公司

（一）基本情况

1. 企业概况 山东益圆农牧机械科技有限公司是一家融科研、生产、出口、推广、服务于一体的科技型农牧设备生产实体企业，位于风景秀丽的黄海之滨日照市，拥有研发人员 20 余人，其中博士 2 人，硕士 6 人。已获得国家级发明专利 2 项，实用新型专利 61 项，国家技术专利 32 项，目前正在申请的专利 40 余项。产品通过了 ISO-9001 国际质量管理体系认证，完善的软硬件设施为生产安全、绿色、健康的优质禽肉产品提供了坚实的保障。

视频 11

2. 主要养殖设备和控制平台 该公司专注于研发畜禽立体养殖设备，主要经营的产品有层叠式 H 型成套肉鸡、肉鸭和蛋鸡立体养殖设备、智能化环境控制系统、天然气燃烧供暖设备、禽舍高压冲洗设备、无害化粪便处理成套设备。

目前，该公司通过配套的环境控制立柜"智能盒"可实现用手机进行家禽养殖实时数据的分析。控制平台采用最新智能传感技术、RFID、ZigBee，LoRa 无线通信等技术，成功研发了通用型智能网关、养殖棚舍环境调控系统、智能饲喂系统、智能环保系统。控制平台自动收集养殖过程中各阶段的海量大数据，如温度、湿度、光照、氨气浓度、二氧化碳浓度、通风负压等。实现了家禽畜牧动物体感温度的最佳化，并通过大数据分析计算出肉鸡在各个养殖阶段中的最佳采食量及饮水量，为实现最佳养殖效率保驾护航，使养殖户向真正的新农人进行转变（图 4-44）。

图 4-44　现场操作环境控制立柜

（二）鸡舍饲养环境及控制系统

1. 饲养设施

（1）笼具设施　笼具规格为 1 000mm×1 000mm×450mm，规格小，通风好，每平方米承重能力为 120kg，高于行业标准承重能力。单边出鸡，单边管理。笼具架构采用 275g 镀锌板折弯组装，耐腐蚀、稳定（图 4-45）。

图 4-45　鸡笼设施（架构网片）

（2）饮水设施　厂区整体设计2个采水点，水通过集中净化后分流到各棚舍内。棚舍配置有过滤器、加药器、调压器、水线整体调节装置等，饮水器采用锥阀式肉鸡专用饮水器，并配有接水盘（图4-46）。

图4-46　饮水设施

（3）喂料装置　喂料装置采用播种式喂料机，该喂料机采用运行拨料分体设计，具备效率高，故障率低等特点（图4-47）。

图 4-47　播种式喂料机

（4）清粪装置　舍内清粪主要分为纵向 PP 带清粪（图 4-48）和横斜向清粪（图 4-49）两个部分。PP 带清粪主要负责笼具内的粪污收集；横斜向清粪负责将粪污转运到棚舍外部。

图 4-48　纵向 PP 带清粪

2. 环境控制设施

（1）温度控制　棚舍配置有日昇方圆品牌 IOT 智能环境控制立柜，可以根据肉鸡日龄、存栏量、目标温湿度及安装的相关传感装置进行设定。主机采用日本三菱 PLC，拓展能力强，可联动棚舍内风机、通风小窗、导流板、湿帘等设备。

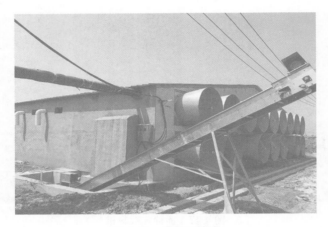

图 4-49 横斜向清粪

图 4-50 降温湿帘

环境控制立柜具备三相电源电压指示、浪涌避雷保护装置、三区锅炉加热、2 路湿帘（图 4-50）自动降温控制信号、12 组风机自动控制信号（包含 1 路 4kW 变频器），每路风机可以根据设定温度参数自动进行温度控制和时间控制（图 4-51），水暖锅炉自动进行升温控制，可控制喂料机（喂料机在设置时间未到达机头机尾，可报警，防止喂料机掉轨），还可控制料线（可显示不同时间段的打料时间和总打料时间），通风小窗可以根据设置负压进行自动开启关闭（无论风机是手动状态还是自动状态，均可实现自动运行），同时配备温湿度传感器（图 4-52）。

图 4-51　导流板

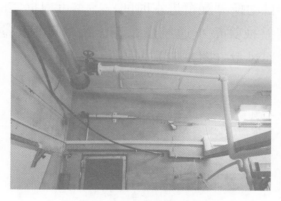

图 4-52　电动小窗

（2）通风控制　通过终端传感装置联动 IOT 智能环境控制立柜达到相应的通风要求，保证目标温度控制在要求范围内。通风控制系统内加入温度增时功能，当舍内温度上升时，时间控制风机可以自动计算通风量、增加通风时间，满足肉鸡在不同温度下都能呼吸到新鲜空气，并满足肉鸡对体感温度的需求（图 4-53）。

通风小窗与湿帘导流板为自动系统，养殖人员可根据现场实际情况进行调节，在育雏期风机运行前通风小窗可提前打开，风机运行结束后，小窗自动关闭，保障鸡舍温度不受外界环境因素干扰，给予肉鸡一个良好的生长环境。IOT 智能环境控制立柜夏季可根

图 4-53　IOT 智能环境控制立柜

据实时天气情况，自动开启或关闭湿帘控制系统，参照舍内设定的温度、湿度，自动换算湿帘进水时间；冬季可根据实时外界温度和舍内目标温度差换算最小通风量；春、秋季可根据舍内外温度变化，自动换算通风量（图 4-54）。

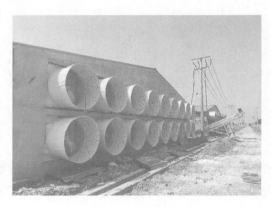

图 4-54　负压风机

（3）光照控制　棚舍内采用密闭 LED 灯管进行光照，每条走廊上方均悬挂 LED 灯，满足 0～42 日龄肉鸡的光照需求；配置灯光调控器，可根据养殖实际情况进行时间控制设置，满足不同阶段的养殖光照需求。

灯控制箱内设置 1～45 日龄肉鸡每日的光照亮度，以及每日熄灯的时间，通过光照传感器监测光照度，并通过传回的光照亮度信息，自动调整光照，满足不同日龄肉鸡对光照的需求（图4-55）。

图4-55　光照调节

（4）消毒设施　养殖区、生产区入口设计有车辆、人员、物品消毒装置，车辆轮胎消毒池应满足防疫要求的长度，均采用喷淋和物化系统进行全方位无死角消毒。场区内每天喷雾消毒3～4次，外来人员进入养殖场必须穿隔离服。鸡舍内安装雾化消毒线每周带鸡消毒2～4次，鸡舍门口放置脚踏盆，内放消毒液，进出鸡舍必须踩踏脚踏盆，舍内配置消毒喷壶（图4-56、图4-57）。

图4-56　雾化消毒系统　　　　　图4-57　车辆消毒通道

（5）供暖设施　小区采用空气能进行集中供暖，笼具底部铺设地暖管，风机端密集铺设地暖管以便温度均衡（图4-58）。

图 4-58　空气能集中供暖

（三）现场生产效果

1. 鸡舍环境控制效果　通过 IOT 智能环境控制立柜的应用，每栋棚舍上下温差、头尾温差均可控制在 1℃，给安全生产提供了有力的保障。立体饲养成套设备具有自动喂料、自动饮水、自动清粪、环境控制、数据记录、数据报警、数据分析、数据对比、养殖复盘等功能，让养殖实现机械化、自动化、数据化、智能化，是现代农业发展的方向。

2. 鸡群的生产性能　在生产性能和饲养模式优势方面，立体养殖每平方米鸡舍面积可养 20 只鸡以上，而平养每平方米鸡舍面积只有 10 只鸡左右，约是平养的 2 倍，说明主体养殖可有效地利用鸡舍空间，节约土地资源。

立体养殖限制了鸡只的活动范围，使得鸡互相接触的概率降低，从而降低了疫病传播概率；另外饲养员巡视范围小，比较容易发现体弱、病残鸡，从而能及时有效地拣出体弱、病残鸡，并对这些鸡进行隔离观察或饲养，可大大提高雏鸡的成活率和病鸡的治愈率立体养殖能节约成本。具体而言，一是节约能源。二是节省人工。养殖密度提高再加上全自动的设备，方便饲养管理，降低饲养员的劳动强度，从而减少了人工费用支出。三是减少药物的使用。良好的鸡舍环境、精细化的饲养管理是保障肉鸡健康成长的关键，鸡生病少自然药物的使用就会减少，这便降低了养殖成本，并且还能生产出绿色、健康的鸡肉产品，确保食品安全和肉鸡产业的健康发展。四是节约饲料。鸡的活动量减少，也就减少了能量消耗，降低了料重比。

目前，国内肉鸡立体饲养棚舍单栋长约80m，宽约16m，高约3.2m（根据不同地区、不同公司实际情况而定），每栋棚舍可饲养白羽肉鸡30 240只左右，年出栏肉鸡3 628 800只左右；每批次成活率均在99.8％，料重比在1.45～1.53。可见家禽立体饲养技术和智能化经营管理对规模化肉鸡生产发挥着重要作用。

主要参考文献

柴同杰，赵云玲，刘辉，等，2001. 禽舍微生物气溶胶含量及其空气动力学研究 ［J］. 中国兽医杂志，37（3）：9-11.

柴同杰，赵云玲，刘文波，等，2003. 鸡舍环境耐药细菌气溶胶及其向环境传播的研究 ［J］. 中国预防兽医学报（3）：49-54.

常双双，李萌，厉秀梅，等，2018. 日循环变化偏热环境对肉鸡血清脑肠肽和盲肠菌群多样性的影响 ［J］. 中国农业科学，51（22）：4364-4372.

陈春林，戴荣国，周晓容，等，2009. 鸡舍 CO_2 浓度对肉鸡血液生化指标的影响 ［J］. 家畜生态学报，30（2）：59-61.

戴荣国，周晓容，彭祥伟，等，2009. CO_2 浓度对肉鸡生产性能、体液免疫及血液指标的影响 ［J］. 西南大学学报（自然科学版），31（8）：21-27.

段会勇，柴同杰，蔡玉梅，等，2008. ERIC-PCR 对鸡舍大肠杆菌气溶胶向舍外环境传播的鉴定 ［J］. 中国科学 C 辑：生命科学（1）：74-83.

范庆红，王晓晓，董晓，等，2017. 饲养密度和高蛋白质饲粮代谢能水平对公母分饲肉鸡生长性能和腿部健康的影响 ［J］. 动物营养学报，29（10）：3530-3540.

顾宪红，杜荣，1998. 高温条件下湿度对肉仔鸡耗料量，耗水量及生产性能的影响 ［J］. 家畜生态，19（1）：1-5.

胡春红，张敏红，冯京海，等，2015. 偏热刺激对肉鸡休息行为、生理及生产性能的影响 ［J］. 动物营养学报，27（7）：2070-2076.

华登科，贺海军，贾亚雄，等，2014. 光照强度对北京油鸡生长激素和褪黑激素含量的影响 ［J］. 中国家禽（36）：30-32.

黄炎坤，孟啸天，李钊，等，2018. 肉鸡舍不同区域的环境变化及其对生产性能的影响 ［J］. 中国家禽，40（11）：37-40.

贾永泉，汪积慧，刘秀珍，等，1996. 间歇光照对肉仔鸡生产影响的分析 ［J］. 黑龙江畜牧兽医，16（3）：7-8.

蒋守群，林映才，周桂莲，等，2003. 高温高密度对黄羽肉鸡血液生化指标和免疫机能的影响 ［J］. 畜牧与兽医，35（8）：11-14.

寇涛，罗中宝，杨敏馨，等，2018. LED 灯在大规模白羽肉鸡生产中的应用效果研究

[J]. 中国家禽，40（11）：55-57.

李聪，卢庆萍，唐湘方，等，2014. 不同氨气浓度对肉鸡生长性能及肉质性状的影响 [J]. 中国农业科学，47（22）：4516-4523.

李东卫，卢庆萍，白水莉，等，2012. 模拟条件下鸡舍氨气浓度对肉鸡生长性能和日常行为的影响 [J]. 动物营养学报，24（2）：322-326.

李亚峰，2004. 改进光照制度提高肉鸡出栏率的试验 [J]. 国外畜牧学（猪与禽）（24）：32-33.

厉秀梅，2018. 饲养密度与偏热环境对肉鸡骨骼和肌肉生长、氧化及肠道形态的影响 [D]. 北京：中国农业科学院.

刘菲，许霞，屠博文，等，2019. 某集约化肉鸡饲养场 $PM_{2.5}$ 中抗生素抗性基因的分布特征 [J]. 环境科学，40（2）：567-572.

刘念，唐诗，贾亚雄，等，2013. 光照程序和日粮能量蛋白水平对黄羽肉鸡肉品质的影响 [J]. 中国家禽（35）：21-24.

柳青秀，2020. 氨暴露对肉鸡行为和免疫的影响及高氨诱导肺损伤的菌群—炎性途径研究 [D]. 北京：中国农业科学院.

马淑梅，2016. 不同光照制度对肉鸡生长、代谢和健康的影响 [D]. 兰州：甘肃农业大学.

孟丽辉，李聪，卢庆萍，等，2016. 不同氨气浓度对肉鸡福利的影响 [J]. 畜牧兽医学报，47（8）：1574-1580.

孟庆平，2009. 不同硫化氢浓度对肉仔鸡生长性能、免疫功能和肉质的影响 [D]. 杭州：浙江大学.

倪学勤，曾东，周小秋，2008. 采用 PCR-DGGE 技术分析蛋鸡肠道细菌种群结构及多样性 [J]. 畜牧兽医学报，39（7）：955-961.

彭骞骞，王雪敏，张敏红，等，2016. 持续偏热环境对肉鸡盲肠菌群多样性的影响 [J]. 中国农业科学，49（1）：186-194.

秦鑫，卢营杰，苗志强，等，2018. 饲养方式和密度对爱拔益加肉鸡生产性能、肉品质及应激的影响 [J]. 中国农业大学学报，23（12）：66-74.

屈凤琴，刘秀梅，赵树涛，等，2000. 鸡舍空气中致病微生物的监测 [J]. 中国家禽，22（4）：29-30.

饶盛达，2015. 不同维生素组合和饲养密度对肉鸡生产性能、健康和肉品质的影响研究 [D]. 成都：四川农业大学.

申李琰，萨仁娜，牛晋国，等，2017. 层叠式立体笼养肉鸡舍秋冬季节环境参数研究 [J]. 中国畜牧兽医，44（5）：1565-1570.

宋弋，王忠，姚中磊，等，2008. 氨气对肉鸡生产性能、血氨和尿酸的影响研究[J]. 中国家禽，30（13）：10-12.

苏红光，张敏红，冯京海，等，2014. 持续冷热环境对肉鸡生产性能、糖代谢和解偶联蛋白 mRNA 表达的影响[J]. 动物营养学报，26（11）：3276-3283.

孙永波，2017. 湿度对肉鸡生长性能、免疫功能及呼吸道黏膜屏障的影响 [D]. 北京：中国农业科学院.

王世鹏，2008. 鸡舍内 NH_3 和 CO_2 变化规律及机械通风下动态模型的研究 [D]. 南京：江苏大学.

王爽，2019. 硫化氢气体暴露对肉鸡心肌组织炎症因子和细胞凋亡影响的研究 [D]. 哈尔滨：东北农业大学.

王雪洁，张敏红，冯京海，等，2018. 低温环境对肉鸡生长性能、体温及行为的影响[J]. 动物营养学报，30（10）：3914-3922.

王忠，宋弋，汪以真，等，2008. 氨气对肉鸡生产性能、血液常规指标和腹水症发生率的影响[J]. 中国畜牧杂志，44（23）：46-49.

魏凤仙，2012. 湿度和氨暴露诱导的慢性应激对肉仔鸡生长性能，肉品质，生理机能的影响及其调控机制 [D]. 杨凌：西北农林科技大学.

魏凤仙，胡骁飞，李绍钰，等，2011. 肉鸡舍内有害气体控制技术研究进展[J]. 中国畜牧兽医，38（11）：231-234.

魏凤仙，胡骁飞，张敏红，等，2013. 相对湿度和氨气应激对肉仔鸡血氨水平及细胞因子含量的影响[J]. 动物营养学报，25（10）：2246-2253.

魏凤仙，徐彬，李绍钰，等，2014. 湿度和氨水平对后期肉鸡免疫器官指数及淋巴细胞转化率的影响 [C]. 中国畜牧兽医学会动物营养学分会：429.

魏凤仙，徐彬，萨仁娜，等，2012. 不同湿度和氨水平对肉仔鸡抗氧化性能及肉品质的影响[J]. 畜牧兽医学报，43（10）：1573-1581.

魏文斐，刘立超，陈彬，等，2018. 生物气溶胶及其气候效应 [J]. 中国科学院大学学报，35（3）：320-326.

谢电，陈耀星，王子旭，等，2007. 单色光对肉鸡生产性能和免疫功能的影响[J]. 中国家禽（1）：14-17.

熊嫣，唐湘方，孟庆石，等，2016. 高氨刺激下参与免疫应答和肌肉收缩过程的肉鸡气管蛋白差异表达——基于 iTRAQ 标记技术的差异蛋白质组学研究[J]. 中国科学：生命科学，46（11）：35-44.

杨语嫣，王雪洁，张敏红，等，2019. 升温环境下肉鸡体温和呼吸频率对热中性区上限温度估测[J]. 中国农业科学，52（3）：550-557.

张少帅，2016. 偏热、湿度和风速对肉仔鸡免疫功能的影响［D］. 北京：中国农业科学院.

张少帅，甄龙，冯京海，等，2015. 持续偏热处理对肉仔鸡免疫器官指数、小肠形态结构和黏膜免疫指标的影响[J].动物营养学报，27（12）：3887-3894.

张西雷，2006. 氨气对肉鸡的影响及地衣芽孢杆菌对氨气减量排放的技术研究［D］.泰安：山东农业大学.

张晓迪，朱丽媛，卢庆萍，等，2017. 网上平养模式下肉鸡温室气体排放的研究[J].畜牧兽医学报，48（1）：108-115.

张学松，2002. 色光对家禽生产的影响[J].中国家禽（3）：39-41.

甄龙，2015. 偏热环境对肉鸡体热调节生理生化指标及 avUCP mRNA 表达的影响［D］.石家庄：河北工程大学.

甄龙，张少帅，石玉祥，等，2015. 水料比作为偏热环境肉鸡热舒适评价指标的研究［J].动物营养学报，27（6）：1750-1758.

周风珍，2003. 鸡舍氨浓度对肉仔鸡免疫机能和肉品质影响的研究［D］. 广州：华南农业大学.

周莹，张敏红，冯京海，等，2017. 相对湿度对递增性偏热环境下肉鸡体热调节及下丘脑热休克蛋白 70 含量的影响[J].动物营养学报，29（1）：60-68.

Abdo S E，Seham E K，El-Nahas A F，et al，2017. Modulatory Effect of Monochromatic Blue Light on Heat Stress Response in Commercial Broilers［J］. Oxidative Medicine and Cellular Longevity：1-13.

Adams R，Rogler J，1968. The effects of dietary aspirin and humidity on the performance of light and heavy breed chicks［J］. Poultry Science，47（4）：1344-1348.

Akşit M，Yalcin S，Özkan S，et al，2006. Effects of temperature during rearing and crating on stress parameters and meat quality of broilers［J］. Poultry Science，85（11）：1867-1874.

Ali K，Uta K O B，2019. Impact of different group sizes on plumage cleanliness and leg disorders in broilers［J］.Livestock Science，221：52-56.

Alvino G M，Blatchford R A，Archer G S，et al，2009. Light intensity during rearing affects the behavioural synchrony and resting patterns of broiler chickens［J］.British Poultry Science，50（3）：275-283.

Archer G S，2017. Exposing broiler eggs to green，red and white light during incubation［J］.Animal，11（7）：1203-1209.

Arundel A V, Sterling E M, Biggin J H, et al, 1986. Indirect Health Effects of Relative Humidity in Indoor Environments [J]. Environmental Health Perspectives, 65: 351-361.

Aydin A, Cangar O, Ozcan S E, et al, 2010. Application of a fully automatic analysis tool to assess the activity of broiler chickens with different gait scores [J]. Computers and Electronics in Agriculture, 73 (2): 194-199.

Beker A, Vanhooser S L, Swartzlander J H, et al, 2004. Atmospheric ammonia concentration effects on broiler growth and performance [J]. Journal of Applied Poultry Research, 13 (1): 5-9.

Brodka K, Kozajda A, Buczynska A, et al, 2012. The variability of bacterial aerosol in poultry houses depending on selected factors [J]. International Journal of Occupational Medicine and Environmental Health, 25 (3): 281-293.

Buijs S, Keeling L, Rettenbacher S, et al, 2009. Stocking density effects on broiler welfare: Identifying sensitive ranges for different indicators [J]. Poultry Science, 88: 1536-1543.

Burns R T, Li H, Xin H, et al, 2008. Greenhouse gas (GHG) emissions from broiler houses in the Southeastern United States [J]. Presented at the ASABE Annual International Meeting, 29: 084649.

Buyse J, Kühn E R, Decuypere E, 1996. The use of intermittent lighting in broiler raising. 1. Effect on broiler performance and efficiency of nitrogen retention [J]. Poultry Science, 75 (5): 589.

Caveny A D D, Quarles C L, Greathouse G A, 1981. Atmospheric ammonia and broiler cockerel performance [J]. Poultry Science, 60: 513-516.

Cengiz Ö, KÖksal B H, Tatl O, et al, 2015. Effect of dietary probiotic and high stocking density on the performance, carcass yield, gut microflora, and stress indicators of broilers [J]. Poultry Science, 94 (10): 2395-2403.

Chi Q, Chi X, Hu X, et al, 2018. The effects of atmospheric hydrogen sulfide on peripheral blood lymphocytes of chickens: Perspectives on inflammation, oxidative stress and energy metabolism [J]. Environmental Research, 167: 1-6.

Das H, Lacin E, 2014. The effect of different photoperiods and stocking densities on fattening performance, carcass and some stress parameters in broilers [J]. Israel Journal of Veterinary Medicine, 69 (4): 211-220.

Dawkins M S, Donnelly C A, Jones T A, 2004. Chicken welfare is influenced more by housing conditions than by stocking density [J].Nature, 427 (6972): 342-344.

Deep A, Raginski C, Schwean-Lardner K, et al, 2013. Minimum light intensity threshold to prevent negative effects on broiler production and welfare [J]. British Poultry Science, 54 (6): 686-694.

Deep A, Schwean-Lardner K, Crowe T G, et al, 2010. Effect of light intensity on broiler production, processing characteristics, and welfare [J]. Poultry Science, 89 (11): 2326.

Deep A, Schwean-Lardner K, Crowe T G, et al, 2012. Effect of light intensity on broiler behaviour and diurnal rhythms [J]. Applied Animal Behaviour Science, 136 (1): 50-56.

Dishon L, Avital-Cohen N, Malamud D, et al, 2017. In-ovo monochromatic green light photostimulation enhances embryonic somatotropic axis activity [J]. Poultry Science, 96 (6): 1884-1890.

Estevez I, 2002. Ammonia and poultry welfare [J].Poultry Perspectives, 4 (1): 1-3.

Estevez I, Andersen I L, Nævdal E, 2007. Group size, density and social dynamics in farm animals [J]. Applied Animal Behaviour Science, 103: 185-204.

Estevez I, Keeling L J, Newberry R C, 2003. Decreasing aggression with increasing group size in young domestic fowl [J]. Applied Animal Behaviour Science, 84: 213-218.

Ezraty B, Chabalier M, Ducret A, et al, 2011. CO_2 exacerbates oxygen toxicity [J]. Embo Reports, 12 (4): 321-326.

Gerritzen M A, Lambooij E, Hillebrand S J W, et al, 2000. Behavioral responses of broilers to different gaseous atmospheres [J].Poultry Science, 79: 928-933.

Gu X H, Li S S, Lin H, 2008. Effects of Hot Environment and Dietary Protein Level on Growth Performance and Meat Quality of Broiler Chickens [J].Asian-Australasian Journal of Animal Sciences, 21 (11): 1616-1623.

Hassanzadeh M, Bozorgmehri Fard M H, Buyse J, et al, 2003. Beneficial effects of alternative lighting schedules on the incidence of ascites and on metabolic parameters of broiler chickens [J].Acta Veterinaria Hungarica, 51 (4): 513-520.

Heckert R A, Estevez I, Russek-Cohen E, et al, 2002. Effects of density and perch availability on the immune status of broilers [J].Poultry Science, 81: 451-457.

Hu X Y, Chi Q R, Wang D X, et al, 2018. Hydrogen sulfide inhalation-induced immune damage is involved in oxidative stress, inflammation, apoptosis and the

Th1/Th2 imbalance in broiler bursa of Fabricius [J]. Ecotoxicology and Environmental Safety, 164: 201-209.

Hughes B O, 1983. Head shaking in fowls: the effect of environmental stimuli [J]. Applied Animal Ethology, 11: 45-53.

Huth J C, Archer G S, 2015. Effects of LED lighting during incubation on layer and broiler hatchability, chick quality, stress susceptibility and post-hatch growth [J]. Poultry Science, 94 (12): 3052.

Ipek A, Sahan U, 2006. Effects of cold stress on broiler performance and ascites susceptibility [J]. Asian Australasian Journal of Animal Sciences, 19 (5): 734-738.

Jones K D, Martinez A, Maroo K, et al, 2004. Kinetic evaluation of H_2S and NH_3 biofiltration for two media used for wastewater lift station emissions [J]. Journal of the Air & Waste Management Association, 54 (1): 24-35.

Just N, Kirychuk S, Gilbert Y, et al, 2011. Bacterial diversity characterization of bioaerosols from cage-housed and floor-housed poultry operations [J]. Environmental Research, 111 (4): 492-498.

Kaukonen E, Norring M, Valros A, 2017. Perches and elevated platforms in commercial broiler farms: use and effect on walking ability, incidence of tibial dyschondroplasia and bone mineral content [J]. Animal, 11 (5): 864-871.

Ke Y Y, Liu W J, Wang Z X, et al, 2011. Effects of monochromatic light on quality properties and antioxidation of meat in broilers [J]. Poultry Science, 90 (11): 2632-2637.

Kirby J D, Froman D P, 1991. Research note: evaluation of humoral and delayed hypersensitivity responses in cockerels reared under constant light or a twelve hour light: Twelve hour dark photoperiod [J]. Poultry Science, 70 (11): 2375-2378.

Kling H F, Quarles C L, 1974. Effect of atmospheric ammonia and the stress of infectious bronchitis vaccination on leghorn males [J]. Poultry Science, 53: 1161-1167.

Knowles T G, Kestin S C, Haslam S M, et al, 2008. Leg disorders in broiler chickens: prevalence, risk factors and prevention [J]. PLoS One, 3: 1545.

Kristensen H H, Wathes C M, et al, 2000. Ammonia and poultry welfare: a review [J]. Worlds Poultry Science Journal, 56 (56): 235-245.

Li J, Wang Z, Cao J, et al, 2014. Role of monochromatic light on development of cecal tonsil in young broilers [J]. The Anatomical Record Advances in Integrative

Anatomy and Evolutionary Biology，297（7）：1331-1337.

Li X M，Zhang M H，Liu S M，et al，2019. Effects of stocking density on growth performance，growth regulatory factors，and endocrine hormones in broilers under appropriate environments [J].Poultry Science，98（12）：6611-6617.

Lu M，Bai J，Xu B，et al，2017. Effect of alpha-lipoic acid on relieving ammonia stress and hepatic proteomic analyses of broilers [J].Poultry Science，96：88-97.

Ma D，Liu Q，Zhang M，et al，2019. iTRAQ-based quantitative proteomics analysis of the spleen reveals innate immunity and cell death pathways associated with heat stress in broilers (*Gallus gallus*) [J].Journal of Proteomics，196：11-21.

Martrenchar A，Huonnic A D，Cotte J P，et al，2000. Influence of stocking density，artificial dusk and group size on the perching behavior of broilers [J]. British of Poultry Science，41：125-130.

Mckeegan D E F，Mcintyre J，Demmers T G M，et al，2005. Behavioural responses of broiler chickens during acute exposure to gaseous stimulation. Appl [J]. Animal Behave Science，99：271-286.

Miles D M，Branton S L，Lott B D，2004. Atmospheric ammonia is detrimental to the performance of modern commercial broilers [J]. Poultry Science，83（10）：1650-1654.

Miles D M，Miller W W，Branton S L，et al，2006. Ocular responses to ammonia in broiler chickens [J].Avian Diseases，50：45-49.

Mirfendereski E，Jahanian R，2015. Effects of dietary organic chromium and vitamin C upplementation on performance，immune responses，blood metabolites，and stress status of laying hens subjected to high stocking density [J].Poultry Science，94（9）：281-288.

Moraes D T，Lara L J C，Baio N C，et al，2008. Effect of light programs on performance，carcass yield，and immunological response of broiler chickens [J]. Arquivo Brasileiro de Medicina Veterinária e Zootecnia，60（1）：201-208.

Morera P，Basiricò L，Hosoda K，Bernabucci U，2012. Chronic heat stress up-regulates leptin and adiponectin secretion and expression and improves leptin，adiponectin and insulin sensitivity in mice [J].Journal of Molecular Endocrinology，48（2）：129-138.

Olanrewaju H A，Iii W A D，Purswell J L，et al，2008. Growth performance and physiological variables for broiler chickens subjected to short-term elevated carbon dioxide concentrations [J].International Journal of Poultry Science, 7 (8): 738-742.

Olanrewaju H A, Miller W W, Maslin W R, et al, 2007. Interactive effects of ammonia and light intensity on ocular, fear and leg health in broiler chickens [J]. International Journal of Poultry Science, 6 (10): 762-769.

Olanrewaju H A, Miller W, Maslin W R, et al, 2019. Interactive effects of light-sources, photoperiod, and strains on growth performance, carcass characteristics, and health indices of broilers grown to heavy weights [J].Poultry Science, 98 (12): 6232-6240.

Olanrewaju H A, Thaxton J P, Iii W A D, et al, 2006. A review of lighting programs for broiler production [J].International Journal of Poultry Science, 5 (4): 301-308.

Onbaslar E, Erol H, Cantekin Z, et al, 2007. Influence of intermittent lighting on broiler performance, incidence of tibial dyschondroplasia, tonic immobility, some blood parameters and antibody production [J].Asian Australasian Journal of Animal Science, 20 (4): 550-555.

Parfenyuk S B, Khrenov M O, Novoselova T V, et al, 2010. Stressful effects of chemical toxins at low concentrations [J].Biofizika, 55 (2): 375-382.

Purswell J L, Davis J D, Luck B D, et al, 2011. Effects of elevated carbon dioxide concentrations on broiler chicken performance from 28 to 49 days [J].International Journal of Poultry Science, 10 (8): 597-602.

Rahimi G, Rezaei M, Hafezian H, et al, 2005. The effect of intermittent lighting schedule on broiler Performance [J].International Journal of Poultry Science, 4 (6): 396.

Raj M A B, Gregory N G, 1991. Preferential feeding behavior of hens in different gaseous atmospheres [J].British Poultry Science, 32: 57-65.

Reece F N, Lott B D, 1980. Effect of carbon dioxide on broiler chicken performance [J].Poultry Science, 59 (11): 2400-2402.

Reece F N, Lott B D, Deaton J W, 1981. Low concentrations of ammonia during brooding decrease broiler weight [J].Poultry Science, 60: 937-940.

Riber A B E, 2015. ffects of color of light on preferences, performance, and welfare in broilers [J].Poultry Science, 94 (8): 1767-1775.

Rozenboim I, Biran I, Uni Z, et al, 1999. The effect of monochromatic light on broiler growth and development [J].Poultry Science, 78 (1): 135-138.

Sadrzadeh A, Brujeni G N, Livi M, et al, 2011. Cellular immune response of infectious bursal disease and Newcastle disease vaccinations in broilers exposed to monochromatic lights [J]. African Journal of Biotechnology, 10 (46): 9528-9532.

Sanotra G S, Lund J D, Ersboll A K, et al, 2001. Monitoring leg problems in broilers: A survey of commercial broiler production in Denmark [J]. World Poultry Science Journal, 57: 55-69.

Schaffer F, Soergel M, Straube D, 1976. Survival of airborne influenza virus: Effects of propagating host, relative humidity and composition of spray fluids [J]. Archives of virology, 51 (4): 263-273.

Schmolke S A, Li Y Z, Gonyou H W, 2004. Effects of group size on social behaviour following regrouping of growing-finishing pigs [J]. Apply Animal Behave Science, 88: 27-38.

Schwean-Lardner K, Fancher B I, Classen H L, 2012. Impact of daylength on the productivity of two commercial broiler strains [J]. British Poultry Science, 53 (1): 7-18.

Slavik M, Skeeles J, Beasley J, et al, 1981. Effect of humidity on infection of turkeys with Alcaligenes faecalis [J]. Avian diseases, 25 (4): 936-942.

Sørensen P, Su G, Kestin S C, 2000. Effects of age and stocking density on leg weakness in broiler chickens [J]. Poultry Science, 79 (6): 864-870.

Souzal F A D, Espinhal L P, Almeida E A D, et al, 2016. How heat stress (continuous or cyclical) interferes with nutrient digestibility, energy and nitrogen balances and performance in broilers [J]. Livestock Science, 192: 39-43.

Stoianov P, Baikov B D, Georgiev G A, 1978. Effect of fluorescent lighting on the growth of broiler chickens [J]. Veterinarno-Meditsinski nauki, 15 (3): 89-95.

Sun Z W, Yan L, Zhao Y Y, et al, 2013. Increasing dietary vitamin D_3 improves the walking ability and welfare status of broiler chickens reared at high stocking densities [J]. Poultry Science, 92 (12): 3071-3079.

Van der pol C W, Van roovert-reijrink I A M, Gussekloo S W S, et al, 2019. Effects of lighting schedule during incubation of broiler chicken embryos on leg bone development at hatch and related physiological characteristics [J]. PLoS One, 14: e0221083.

Ventura B A, Siewerdt F, Estevez I, 2010. Effects of barrier perches and density on broiler leg health, fear, and performance [J]. Poultry Science, 89 (8): 1574-1583.

Wang Y M, Meng Q P, Guo Y M, et al, 2010. Effect of atmospheric ammonia on growth performance and immunological response of broiler chickens [J]. Journal of Animal and Veterinary Advances, 9 (22): 2802-2806.

Wang Y, Huang M, Meng Q, Wang Y, 2011. Effects of atmospheric hydrogen sulfide concentration on growth and meat quality in broiler chickens [J]. Poultry Science, 90 (11): 2409-2414.

Wathes C M, 1998. Aerial emissions from poultry production [J]. World's Poultry Science Journal, 54 (3): 241-251.

Weaver W D, Meijerhof R, 1991. The Effect of Different Levels of Relative Humidity and Air Movement on Litter Conditions, Ammonia Levels, Growth, and Carcass Quality for Broiler Chickens [J]. Poultry Science, 70 (4): 746-755.

Wegner R M, 1990. Experience with the get-away cage system [J]. World's Poultry Science Journal, 46: 41-47.

Wei F, Hu X, Sa R, et al, 2013. Antioxidant capacity and meat quality of broilers exposed to different ambient humidity and ammonia concentrations [J]. Genetics and molecular research: GMR, 13 (2): 3117-3127.

Winn P N, Godfrey E F, 1967. The effect of humidity on growth and feed conversion of broiler chickens [J]. International Journal of Biometeorology, 11 (1): 39-50.

Xiao K, Wang Y K, Wu G, et al, 2018. Spatiotemporal characteristics of air pollutants (PM_{10}, $PM_{2.5}$, SO_2, NO_2, O_3, and CO) in the inland basin city of Chengdu, Southwest China [J]. Atmosphere, 9: 74.

Xing H, Luan S, Sun Y, et al, 2016. Effects of ammonia exposure on carcass traits and fatty acid composition of broiler meat [J]. Animal Nutrition, 2: 282-287.

Xiong Y, Tang X, Meng Q, et al, 2016. Differential expression analysis of the broiler tracheal proteins responsible for the immune response and muscle contraction induced by high concentration of ammonia using iTRAQ-coupled 2D LC-MS/MS [J]. Science China Life Sciences, 59 (11): 1166.

Yadav S K, Haldar C, 2013. Reciprocal interaction between melatonin receptors (Mel1a, Mel1b, and Mel1c) and androgen receptor (AR) expression in immunoregulation of a seasonally breeding bird, Perdicula asiatica: Role of photoperiod [J]. Journal of Photochemistry and Photobiology, 122: 52-60.

Yahav S, 2000. Relative humidity at moderate ambient temperatures: its effect on male broiler chickens and turkeys [J]. British Poultry Science, 41 (1): 94-100.

Yahav S, Goldfeld S, Plavnik I, et al, 1995. Physiological responses of chickens and turkeys to relative humidity during exposure to high ambient temperature [J].Journal of Thermal Biology, 20 (3): 245-253.

Yang Y, Jiang J, Wang Y, et al, 2016. Light-emitting diode spectral sensitivity relationship with growth, feed intake, meat, and manure characteristics in broilers [J].Transactions of the ASABE, 59: 1361-1370.

Yi B, Chen L, Renna S, et al, 2016. Transcriptome profile analysis of breast muscle tissues from high or low levels of atmospheric ammonia exposed broilers (*Gallus gallus*) [J].Plos One, 11 (9): e0162631.

Yoder Jr H W, Drury L N, Hopkins S R, 1977. Influence of environment on airsacculitis: effects of relative humidity and air temperature on broilers infected with Mycoplasma synoviae and infectious bronchitis [J]. Avian Diseases, 21 (2): 195-208.

Zhang L, Zhang H J, Qiao X, et al, 2012. Effect of monochromatic light stimuli during embryogenesis on muscular growth, chemical composition, and meat quality of breast muscle in male broilers [J].Poultry Science, 91 (4): 1026-1031.

Zhang L, Zhu X D, Wang X F, et al, 2016. Green Light-emitting diodes light stimuli during incubation enhances posthatch growth without disrupting normal eye development of broiler embryos and hatchlings [J]. Poultry Science, 29 (11): 1562-1568.

Zhao R X, Cai C H, Wang P, et al, 2019. Effect of night light regimen on growth performance, antioxidant status and health of broiler chickens from 1 to 21 days of age [J].Asian-Australasian Journal of Animal Science, 32: 904-911.

Zheng S F, Jin X, Chen M, et al, 2019. Hydrogen sulfideexposure induces jejunum injury via CYP450s/ROS pathway in broilers [J]. Chemosphere: Environmental toxicology and risk assessment, 214 (Jan.): 25-34.

Zhou Y, Liu Q X, Li X M, et al, 2020. Effects of ammonia exposure on growth performance and cytokines in the serum, trachea, and ileum of broilers [J].Poultry Science, 99 (5): 2485-2493.

图书在版编目（CIP）数据

肉鸡健康高效养殖环境手册／张敏红，周莹，赵桂苹主编.—北京：中国农业出版社，2021.6
（畜禽健康高效养殖环境手册）
ISBN 978-7-109-16500-7

Ⅰ.①肉… Ⅱ.①张… ②周… ③赵… Ⅲ.①肉鸡—饲养管理—手册 Ⅳ.①S831.4-62

中国版本图书馆 CIP 数据核字（2021）第 149981 号

中国农业出版社出版
地址：北京市朝阳区麦子店街 18 号楼
邮编：100125
策划编辑：周晓艳 王森鹤
责任编辑：王森鹤 周晓艳
数字编辑：李沂航
版式设计：杜 然 责任校对：刘丽香
印刷：北京通州皇家印刷厂
版次：2021 年 6 月第 1 版
印次：2021 年 6 月北京第 1 次印刷
发行：新华书店北京发行所
开本：700mm×1000mm 1/16
印张：10.75
字数：140 千字
定价：50.00 元
